高等学校电气工程与自动化专业系列教材

自动控制原理实验教程

主编　张清勇　杨　扬

西安电子科技大学出版社

内 容 简 介

本书是实验教程。全书除绪论外，共分为 10 章。第 1 章介绍了 MATLAB 在控制理论中的应用，第 2~8 章是自动控制原理实验部分，第 9 章是现代控制理论实验部分，第 10 章是控制系统综合设计性实验部分。第 2~9 章中均简要介绍了实验所涉及的理论知识，并重点讲述了实验内容。

本书可作为普通高校自动化、电气工程及其自动化、机械设计制造及其自动化、能源与动力工程等相关专业自动控制原理和现代控制理论的实验教材或教学参考书，也可供自学自控原理的工程技术人员学习和参考。

图书在版编目(CIP)数据

自动控制原理实验教程/张清勇，杨扬主编. —西安：西安电子科技大学出版社，2021.5
ISBN 978 - 7 - 5606 - 6018 - 9

Ⅰ. ①自…　Ⅱ. ①张…　②杨…　Ⅲ. ①自动控制理论—实验—教材　Ⅳ. ①TP13 - 33

中国版本图书馆 CIP 数据核字(2021)第 053963 号

策划编辑　秦志峰
责任编辑　王静　秦志峰
出版发行　西安电子科技大学出版社(西安市太白南路 2 号)
电　　话　(029)88242885　88201467　　邮　　编　710071
网　　址　www.xduph.com　　　　电子邮箱　xdupfxb001@163.com
经　　销　新华书店
印刷单位　陕西日报社
版　　次　2021 年 5 月第 1 版　2021 年 5 月第 1 次印刷
开　　本　787 毫米×1092 毫米　1/16　印张 11
字　　数　257 千字
印　　数　1~2000 册
定　　价　33.00 元
ISBN 978 - 7 - 5606 - 6018 - 9/TP
XDUP 6320001 - 1

＊＊＊ 如有印装问题可调换 ＊＊＊

前　　言

  自动控制技术已广泛应用于工业、农业、交通运输、航空航天、机器人和人工智能等领域，是对人类生活影响最大的技术之一。自动控制原理是一门理论性和工程实践性都很强的专业课，实践教学已成为自动控制原理课程教学中不可或缺的组成部分。完善自动控制原理课程实验，将自动控制原理教学改为"理论教学＋实验教学＋实践教学"的模式，不仅有助于深化理论教学，将理论联系实际，而且有助于培养学生科学实验和工程实践的能力，对于提高新工科人才培养质量意义重大。因此，结合教学实际需求，作者编写了本书。本书内容安排与经典控制理论和现代控制理论的理论教学内容相对应，并增加了综合设计性实验专题。

  本书是根据自动控制原理和现代控制理论课程教材的基本内容和教学要求编写的，大部分内容包含 MATLAB 仿真和模拟电路实验两部分。除绪论外，全书共分为 10 章。第 1 章介绍了 MATLAB 软件在控制理论中的应用；第 2～8 章对应经典控制理论的内容给出相关实验项目，分别为控制系统的数学模型、控制系统的时域分析、线性系统的根轨迹分析、线性系统的频域分析、控制系统的校正、线性离散系统的稳定性分析与校正和非线性控制系统；第 9 章对应现代控制理论的内容，主要讲述线性系统状态空间分析与综合；为了强化学生的动手实践和应用创新能力，第 10 章给出了控制系统综合设计性实验选题，可作为控制理论课程设计或者课外开放性实验内容。第 2～9 章均简要介绍了实验所涉及的理论知识并重点讲述了实验内容。

  本书的特点主要包括以下三个方面：

  (1) 内容简明扼要，具有"易读、好理解"的特点。在第 1 章介绍了运用 MATLAB 或 Simulink 仿真方法进行自动控制原理实验所需了解的基本知识、基本操作等；在第 2～9 章的第一个小节，均提炼性地阐述相关理论知识，但不赘述，使学生能将理论知识与实验内容更好地统一。

  (2) 明确每个实验项目的实验目的，详细介绍每个实验项目的具体要求。

  (3) 由以往教学经验可知，学生做完实验以后，往往未能认真分析实验结果或者不知如何分析实验结果，导致学生仅仅停留在记录实验结果的层面，对知识的理解不透彻，对问题的思考不深入，实验效果不佳。因此，在本书第 2～9 章的实验项目中，作者都为学生提供了非常详细的实验结果记录和结果分析模板，为学生进行实验结果分析提供具体的参考。部分实验项目的理论或者原理分析只给出了提示，部分步骤留给学生自行分析和思考，每个实验项目后都设置有实验思考题。学生只需根据提示在本书相应空白位置完成理论分析，按照实验结果记录和结果分析模板进行详细的记录和分析并完成实验思考题即可，不需要通过抄写实验教程的方式来完成实验报告，大大简化了撰写实验报告的繁重任务。通过实验过程中的理论分析、实验操作、实验结果记录和结果分析以及实验思考题，可以提高学生分析问题和解决问题的能力，加深学生对知识的理解。对于第 10 章的综合设计性实验，则要求学生自行撰写实验报告，同时在本书绪论部分介绍了学术写作的规范。

（4）参考本书可以进行模拟电路实验和 MATLAB 仿真实验，甚至可以进行综合设计性的实物系统实验。针对第 2～9 章的不同实验项目，本书选择性地阐述模拟电路实验和仿真实验中的一种实验方法，或者同时阐述两种实验方法，以适应不同高校或者不同专业的教学需求。对于综合设计性实验，选择的实物系统既经典又常见，可以选择仿真的方式完成；对于有相应实验设备的高校，可以选择进行实物系统实验。因此，具备不同实验条件的高校均可以参考本书，自行选择开展实验的方法。

本书由张清勇和杨扬担任主编。具体的编写分工如下：绪论、第 1～4 章和第 10 章中的 10.4 节及 10.5 节由武汉理工大学张清勇编写，其他章节（第 5～9 章，第 10 章中的 10.1 节、10.2 节及 10.3 节）由武汉理工大学杨扬编写。全书由杨扬统稿。本书在编写过程中参考了许多院校专家的著作，汲取了一些经验，在此表示感谢！

由于编者水平有限，书中难免有不足之处，发现谬误的读者可以发送电子邮件至主编邮箱：whutyangyang@whut.edu.cn，感谢读者的批评指正。

编　者

2021 年 1 月

目　　录

绪　　论

0.1　自动控制原理实验目标、要求及实现方法

１. 自动控制原理实验目标

自动控制原理不仅是全日制本科学校各电类专业的重要专业基础课程，也是机械、汽车等相关专业的基础理论课程。开设该门课程的专业主要包括自动化、电气工程及其自动化、机械工程及其自动化、汽车工程、电子信息工程、测控工程和动力工程等。该课程不仅跟踪国际一流大学有关课程的内容与体系，而且会随着科研与学术水平的发展不断更新内容。

自动控制原理和现代控制理论两门课程具有科学理论"高、难、深、广"的基本特征，数学推导繁琐，同时具有指导工程技术应用开发的实践性和综合性强的特点。自动控制原理的实验和实践环节，包括自动控制原理和现代控制理论两门课程的课内实验和综合实践环节，对于学生理解和掌握经典控制理论和现代控制理论至关重要，其教学目标是使学生能够利用自动控制原理的基本理论、方法和辅助工具分析和设计控制系统，具备解决实际工程问题的能力，具体目标如下：

（１）通过实验环节，使学生掌握自动控制原理的基本概念、基本理论及其物理意义和自动控制原理实验的基本方法。

（２）掌握线性系统的建模、时域分析、频域分析和根轨迹分析方法，学会离散系统的分析方法，掌握非线性系统的分析和设计方法，掌握现代控制理论的分析和设计方法。

（３）能够根据实验数据及结果科学地分析控制系统性能。

（４）能够运用计算机技术和仿真工具等对控制系统进行辅助分析。

（５）学习和掌握系统模拟电路的构成和测试技术。

（６）具备针对工程实物系统设计控制系统的能力，提高实际应用能力、综合创新能力，培养学生严谨的科学态度。

（７）为今后从事相关领域的研究、应用和设计打下良好的基础。

２. 自动控制原理实验要求及实现方法

自动控制原理实验具有非常强的专业性和可操作性，需要专门的实验场所和实验设备；不仅要求实验者具备相关的理论知识，了解所做实验的前提条件及制约因素，还要求实验者具有较强的动手操作能力、观察思考能力、研究分析能力和创新设计能力。

新工科人才培养是要培养具有扎实理论基础和较强实践能力的综合创新型工科人才。按照新工科人才培养理念，编者结合多年从事该课程实验教学及改革、自动化综合实验教

学以及指导科技竞赛的经验和体会，给出了"基于分立元件的模拟电路实验""基于计算机辅助软件的控制系统仿真实验""基于工程实物系统的控制系统综合实验"三种实验方式，从基础验证性实验、综合设计性实验到应用创新性实验三个层次编写通用性强的实验教材，以使读者加深对控制理论知识的理解，根据控制系统原理自行设计实验电路，进行控制系统设计和仿真实验，并完成工程实物系统分析、建模和控制设计。

1) 基于分立元件的模拟电路实验

完成自动控制原理实验的模拟实验箱需具备直流稳压电源、运算放大器单元、控制计算机单元、A/D 和 D/A 转换单元、信号源、信号输出单元、虚拟示波器(含时域分析仪和频域分析仪)等模块。经过调研发现，大部分高校使用的自动控制原理实验箱均具有以上模块，均可开展该层次的模拟电路实验。分立元件如运算放大器、电容、电阻、二极管等都表现出不同的电气特性，比如比例器能改变信号幅值增益，积分器使输出信号相位滞后，微分器使输出信号相位超前等。通过分立元件的串联、并联组合，以及改变元件参数，可构成(模拟)控制系统的各种特性的被控对象。

2) 基于计算机辅助软件的控制系统仿真实验

MATLAB 软件是 Mathworks 公司于 1982 年推出的一套高性能的数值计算和可视化数学软件，主要用于数据分析、无线通信、深度学习、图像处理与计算机视觉、信号处理、量化金融与风险管理、机器人控制系统等领域。它将数值分析、矩阵计算、科学数据可视化以及非线性动态系统的建模和仿真等诸多强大功能集成在一个易于使用的视窗环境中，为科学研究、工程设计以及必须进行有效数值计算的众多科学领域提供了一种全面的解决方案。MATLAB 可以进行矩阵运算、绘制函数和数据、实现算法、创建用户界面、连接采用其他编程语言编写的程序等。MATLAB 的基本数据单位是矩阵，它的指令表达式与数学、工程中常用的形式十分相似，故用 MATLAB 来解算问题要比用 C、FORTRAN 等语言简捷得多。

MATLAB 软件提供了专门的控制系统工具箱，控制系统中的许多应用(例如时域分析、频域分析、根轨迹作图等)都可以用一个简单的 m 函数命令来实现。Simulink 是 MATLAB 中的一种可视化仿真工具，用于多域仿真以及基于模型的设计，支持系统设计、仿真、自动代码生成以及嵌入式系统的连续测试和验证，提供图形编辑器、可自定义的模块库以及求解器，能够进行动态系统建模和仿真。由于 Simulink 采用与传递函数动态框图非常相似的结构图模型，并采用类似电子示波器的模块显示仿真结果，因此特别适用于控制理论课程实验的系统仿真与分析。

3) 基于工程实物系统的控制系统综合实验

工程实物系统包括直线倒立摆控制系统、无刷直流电机转速控制系统、球杆系统定位控制系统和单容水箱液位控制系统。基于工程实物系统的综合实验包括工程实物系统物理模型和数学模型的建立、模型简化、控制器及算法设计、模型仿真及分析、实物系统实验及结果分析等步骤。学生需要通过自主学习、独立思考、交流探索、动手实验等完成建模、方案设计、仿真分析和实物系统实验，以培养自己的工程实践能力、应用创新能力和团队协作能力等。

0.2　自动控制原理实验报告写作指导

1. 学术论文写作规范

　　学术论文写作的基本要求之一是具有规范性，实验报告写作也需符合学术论文写作规范。学术论文写作的规范性主要遵守两个国家标准，即 GB/T 7713—1987《科学技术报告、学位论文和学术论文的编写格式》和 GB/T 7714—2015《信息与文献 参考文献著录规则》，还可能涉及 GB/T 15835—2011《出版物上数字用法》和 GB/T 15834—2011《标点符号用法》。其中，GB/T 7713—1987 已作废，修订为 3 部分：GB/T 7713.1 学位论文编写规则；GB/T 7713.2 学术论文编写规则；GB/T 7713.3 科技报告编写规则。

1）插图规范

　　学术论文的插图一般具有示意性、写实性、局限性和规范性。学术论文插图的选用原则是：能用文字说清楚的不用插图；若选用，应具有必要性和合理性。此外应根据需求，为所用插图选择合适的种类和合理的形式。

　　学术论文的插图有许多种类，诸如曲线图、点图、直方图、流程图、照片等。

　　无论选用何种学术论文插图，都必须遵守国家标准。以曲线图为例，一幅曲线图插图应当具有图序、图题、标目、标线、标值、线注、图注。一般地，图都有图序和图题。曲线图特有的是标目（如横坐标为时间，单位为秒）、标线（如横坐标上的若干短竖线）、标值（如横坐标上的若干短竖线下的数值）、线注（如细实线、虚线等）、图注。如果所给出的曲线图没有标目、标线、标值，那就意味着无法验证和复现响应曲线，即失去了学术论文插图的写实性，也将使所匹配的学术论文失去准确性。

2）表格规范

　　学术论文的表格是表达数据序列关系的简洁方法。学术论文表格的选用原则是：根据数据序列关系精选表格种类和合理的表达格式。学术论文表格的种类有许多种，如无线表、系统表、三线表和多维表等。

　　以常用的三线表为例，一个规范的三线表应当具有表序、表题、顶线、栏目线、底线、项目栏和表身要素。其中，顶线和栏目线间是项目栏（说明了各数列的变量名和物理单位），栏目线与底线间是表身。

3）外文规范

　　学术论文中外文字符的表达也需要遵守国家规范。一般而言，正体外文字符多用于计量单位或专用名，如电压的计量单位为 V（伏特），Microsoft 是微软公司名；斜体外文字符常表示坐标变量，如 v、p；大写外文字符、小写外文字符均可表达变量单位名，一般是人名类用大写，如 A（安培），非人名类用小写，如 m（米）。

4）数字规范

　　学术论文中的数字表示应当遵守 GB/T 15835—2011《出版物上数字用法》和 GB/T 8170—2008《数值修约规则与极限数值的表示和判定》的规定。数字分为阿拉伯数字和汉字数字，用于表示计量和编号。例如，21 世纪，101 国道，15%～30%，1m，2016—2020 年；腊月二十四，四五十个，"一二·九"运动。数字形式要根据具体情况确定，可查阅相关标准规定，此处不再赘述。

5）量与单位规范

物理量和非物理量可统称为量。量一般具有单位，量的单位表达规范应遵照《中华人民共和国法定计量单位》。单位包括 SI 基本单位 7 个和导出单位 21 个及非 SI 单位 16 个，详见 GB 3100—1993《国际单位制及其应用》。

6）汉字和标点符号的表达规范

学术论文应以平实的语言进行阐述，要求通顺简洁，词语规范，语法正确。学术论文中的汉字和标点符号的表达应遵从 GB/T 15835—2011《出版物上数字用法》和 GB/T 15834—2011《标点符号用法》的规定。

7）参考文献规范

学术论文所附参考文献的作用主要是保护知识产权、提供科学研究依据、简练论文表达和体现学术水平。一般要求所附参考文献具有公开出版号。

学术论文所附参考文献的著录应遵从 GB/T 7714—2015《信息与文献 参考文献著录规则》的规定。

2. 实验报告写作指导

实验报告写作的基本原则是学生亲自完成。学生将自己动手动脑操作并通过实验得出的结果进行分析和总结，完成实验报告写作。亲力亲为是实验报告写作的第一原则。

一般来说，实验报告写作的基本要求是：问题描述清晰，理论方法理解到位，应用得当，实验设计和操作正确，实验结果记录完整，实验现象分析透彻，实验结论归纳妥当，未解问题提出合理，实验体会真实深刻。

一般而论，实验报告的写作没有公认统一的标准格式，但是生搬硬套、天马行空的写法均不可取。不管采用什么格式来写实验报告，都应追求形式和内容的一致，同时满足实验报告写作的基本要求。

1）实验报告表达格式

以下推荐的实验报告表达格式仅供参考。最恰当的表达格式应该符合表达内容的要求。

（1）每份正式的实验报告应该有一个封面。实验报告封面可按学校或院系要求统一排版设计，实验封面应当给出的信息包含校名、课程名、实验项目名、学生姓名、学号、班级和报告提交时间等。

（2）每份正式实验报告的正文部分可分为数节。一般来说，正文部分至少应该包括以下五节：问题提出与描述、理论方法分析与实验技术、实验设计与实现、实验结果与分析、结论与讨论。

（3）每份正式的实验报告的附属部分可以包括实验体会、附录和参考文献。

2）实验报告具体内容及写法

以上所述的实验报告各节具体内容的概念及写法可展开如下：

（1）"问题提出与描述"指的是本次实验的背景、目的和实验任务。不应当简单地复述已给定的实验指导书原文，而应当对实验题目进行深入分析和梳理，提出自己的理解和思路。

　　（2）"理论方法分析与实验技术"指的是实验过程所依据的原理方法和主要实验技术，主要指自动控制原理的理论和原理，其他实验相关理论简略述之即可。实验之前理清相关的理论概念和实验技术非常重要，这样既可以加深对理论知识的理解，又为实验的开展做好了准备。

　　（3）"实验设计与实现"指的是为得到所需要的实验结果而进行的实验过程设计及实验操作步骤。解决同一问题可能有不同的方法，需要认真思考，对这些方法进行优选或组合。此外，将实验操作条件、步骤和结果表述清楚是必要的科学工作方法。

　　（4）"实验结果与分析"部分的写作应当多利用图和表，以最直观、最有效的形式展示实验结果，并且与恰当的分析表述结合起来。只有结果而无分析，或者只有分析而无结果，都是不合格的实验报告。

　　（5）"结论与讨论"需要高度归纳和概括实验结果，而不是照搬"实验结果与分析"的内容。要站在理论的高度，尽可能地将理论知识与实验联系起来，通过细心的观察和深入的思考发现尚未解决的问题，准确记录疑问，并专业性地提出问题。此外，可以对实验过程中的新发现、新想法进行讨论。

　　（6）"实验体会"部分可以简要记录本次实验的体会和感想。

　　（7）"附录"是实验报告正文的补充，如实验原始程序等。

　　（8）"参考文献"的作用主要是反映正文内容的科学依据、尊重他人的著作权、向读者提供信息的出处。对于基础性实验项目所写的实验报告可以不附参考文献。对于综合创新性实验项目所写的综合实验报告（研究报告），一般需要附主要参考文献，以精简报告中对理论方法的阐述。

第 1 章　MATLAB 在控制理论中的应用

1.1　MATLAB 基础

1.1.1　MATLAB 简介

1. MATLAB 概述

MATLAB 是由美国 Mathworks 公司推出的一种适用于工程应用各领域的分析设计与复杂计算的软件，经过多年的补充和完善以及版本的升级，MATLAB 的功能更加丰富，其工具箱涉及工程计算、控制系统设计、信号处理与通信、图像处理，金融建模等分析领域，其基本单位是矩阵，适合科技人员对数学表达式的书写格式。

1）MATLAB 系统构成

MATLAB 由 MATLAB 开发环境、MATLAB 数学函数库、MATLAB 语言、MATLAB 图形处理系统和 MATLAB 应用程序接口（API）五大部分组成。

2）MATLAB 特点

MATLAB 主要有如下特点：

（1）语言简洁，编程效率高，使用方便灵活。MATLAB 程序书写形式自由，允许用数学形式的语言编写程序，且比 C 语言等更加接近书写计算公式的四维方式。

（2）运算符和库函数丰富。MATLAB 提供了和 C 语言几乎一样多的运算符，还提供了广泛的矩阵和向量运算符。利用其运算符和库函数可简化程序。

（3）MATLAB 既具有结构化的控制语句，又具有面向对象编程的特性。

（4）扩充能力强，交互性好。MATLAB 语言有丰富的库函数，而且用户文件也可作库函数使用。用户可以根据自己的需要建立和扩充新的库函数。

（5）程序的可移植性好，可以在各种型号的计算机和操作系统上运行。

（6）图形处理功能强大，它既包括对二维和三维数据可视化、图像处理、动画制作等高层次的绘图命令，也包括可以修改图形及编制完整图形界面的低层次绘图命令。

（7）工具箱功能强大，每一种工具箱都可以查看源码。

（8）源程序的开放性。除内部函数以外，所有 MATLAB 的核心文件和工具箱文件都是可读可改的源文件，用户可以通过修改源文件或加入自己的文件构成新的工具箱。

（9）完整的联机查询功能和帮助系统，方便用户使用。

3）MATLAB 工具箱

MATLAB 由一系列工具组成。这些工具方便用户使用 MATLAB 的函数和文件，其中许多工具采用的是图形用户界面，包括 MATLAB 桌面和命令窗口、历史命令窗口、编辑器和调试器、路径搜索和用于用户浏览帮助、工作空间、文件的浏览器等。MATLAB 工具箱(Toolbox)通常是 M 文件和高级 MATLAB 语言的集合。较为常见的 MATLAB 工具箱包括控制类工具箱、应用数学类工具箱、信号处理类工具箱等。其中控制类工具箱主要包括：

(1) 控制系统工具箱(Control Systems Toolbox)；

(2) 系统辨识工具箱(System Identification Toolbox)；

(3) 鲁棒控制工具箱(Robust Control Toolbox)；

(4) 模糊逻辑工具箱(Fuzzy Logic Toolbox)；

(5) 神经网络工具箱(Neutral Network Toolbox)；

(6) 频域系统辨识工具箱(Frequency Domain System Identification Toolbox)；

(7) 模型预测控制工具箱(Model Predictive Control Toolbox)；

(8) 多变量频率设计工具箱(Multivariable Frequency Design Toolbox)。

2. MATLAB 界面

1) MATLAB 启动

在 Windows 操作系统中安装完 MATLAB 以后，双击桌面上的 MATLAB 图标，即可启动 MATLAB。也可以通过执行"开始"→"程序"→"MATLAB 图标"启动 MATLAB。

2) MATLAB 操作界面

图 1-1 所示为 MATLAB R2014b 默认操作界面。

图 1-1　MATLAB 操作界面

MATLAB 操作界面主要包括以下窗口：

(1) 当前路径显示(Current Directory)：用于显示及设置当前工作路径，同时显示当前工作路径下的文件名、文件类型及路径的修改时间。选中当前目录下的(.m)文件和(.mat)文件，然后单击鼠标右键，可以进行打开、运行和删除等操作。

（2）命令行窗口（Command Window）：该窗口为 MATLAB 操作最主要的窗口，"＞＞"为命令提示符，其后输入运算命令，用于输入 MATLAB 命令、函数、矩阵、表达式等信息，按 Enter 键可以执行运算，并可在命令行窗口显示除图形以外的所有计算结果。

（3）工作区（Workspace）：该窗口用于存储所有变量的变量名、数据结构、字节数、尺寸及数据类型等信息。选中变量然后右击，可以进行打开、保存、删除、绘图等操作。

3）MATLAB 的退出

退出 MATLAB 软件系统，有下面 4 种方法：

（1）单击 MATLAB 主窗口的"关闭"按钮。

（2）在命令窗口输入"exit"或者"quit"命令。

（3）选择"File"菜单中的"Exit MATLAB"。

（4）用快捷命令"Ctrl＋Q"。

3. 控制系统工具箱简介

控制系统工具箱（Control Systems Toolbox）建立在 MATLAB 对控制工程提供的设计工程的基础上，为控制系统的建模、分析、仿真提供了丰富的函数与简便的图形用户界面。在命令窗口，输入"help control"命令即可显示控制系统工具箱所包含的内容。另外，在 MATLAB 中，还专门提供了面向系统对象模型的系统设计工具：线性时不变系统浏览器（LTI Viewer）和单输入/单输出线性系统设计工具（SISO Design Tool）。

1）线性时不变系统浏览器（LTI Viewer）

LTI Viewer 可以提供绘制浏览器模型的主要时域和频域响应曲线，可以利用浏览器提供的优良工具对各种曲线进行观察分析。在 MATLAB 命令窗口输入"ltiview"命令，即可进入"LTI Viewer"窗口，或执行"Start"→"Toolbox"→"Control System"→"LTI Viewer"命令进入"LTI Viewer"窗口。

2）单输入/单输出系统设计工具（SISO Design Tool）

SISO Design Tool 是控制系统工具箱所提供的一个非常强大的单输入/单输出线性系统设计器，它为用户提供了非常友好的图形界面。在 SISO 设计器中，用户可以使用根轨迹法与波特（Bode）图法，通过修改线性系统零点、极点以及增益等传统设计方法进行 SISO 线性系统设计。在命令窗口输入"sisotool"命令，即可进入"SISO Design Tool"主窗口，或执行"Start"→"Toolbox"→"Control System"→"SISO Design Tool"命令进入"SISO Design Tool"窗口。

4. MATLAB 帮助系统

MATLAB 提供了数目繁多的函数和命令，很难全部记住。可行的办法是先掌握基本内容，然后在实践中不断总结、积累和掌握其他内容。更重要的学习方法是通过软件本身提供的帮助系统来学习软件的使用。

MATLAB 提供了相当丰富的帮助信息，同时也提供了获得帮助的方法。可以通过操作界面的"Help"菜单获得帮助，也可以通过工具栏的帮助选项获得帮助，还可以在命令窗口中输入帮助命令获得帮助。通常能够起到帮助作用、获取帮助信息的指令有 help、lookfor、help-brower、helpwin 和 doc 等。

（1）help 指令。help 指令是 MATLAB 中最有用的指令之一，用法如下：

help：弹出在线帮助总览窗；

help 函数名：查询具体函数的详细信息，通常会有少量的示例；

help elfun：寻求关于基本函数的帮助；

help help：打开有关如何使用帮助信息的帮助窗口。

（2）lookfor 命令。lookfor 命令可根据用户提供的完整或不完整的关键词，搜索出一组与之相关的命令和函数。通常，在用户不确定需要搜索的函数名称，但知道函数功能的时候，就可以通过 lookfor 搜索该功能的关键字。

（3）模糊查找。MATLAB 6.0 以后的版本提供了一种方便的查询方法，即模糊查询。用户只要输入命令的前几个字母，然后按 Tab 键，MATLAB 就会列出所有以这几个字母开始的命令。例如，在命令行窗口输入"plot"，按 Tab 键，弹出以 plot 开头的命令列表，即可选择所需命令，然后用户可通过"help"命令查询所需命令的详细信息。

5. MATLAB 演示系统

MATLAB 软件提供了很好的演示系统，为用户提供了图文并茂的演示案例，对初学者有很大的帮助。进入演示系统（demo）有下面 4 种途径：

（1）选择"Help"菜单下的"Demos"；

（2）在命令窗口输入"demo"命令；

（3）直接在帮助页面上选择"demos"页；

（4）在主窗口左下角"Start"菜单中选择"demos"。

1.1.2　MATLAB 运算及图形处理

1. 变量和数值显示格式

用 MATLAB 进行数值运算时，首先要按照预定规则命名变量，其次按照不同的数据结构形式分类进行标量运算、向量运算、矩阵运算、数组运算和多项式运算。

1）变量

MATLAB 中变量命名的规则如下：① 第一个字母必须是英文字母，之后的可以是任意字母、数字或下划线；② 字母间不可留空格；③ 最多只能有 19 个字母；④ 变量名中的字母有大小写之分；⑤ 变量名称中不能包含标点符号。此外，MATLAB 中默认的变量名是 ans。在定义变量名时，不能与 MATLAB 中的特殊变量名称和库函数名称相同。

常见的 MATLAB 所定义的特殊变量如下：

help：在线帮助命令，如用"help plot"调用命令函数"plot"的帮助说明；

who：列出所有定义过的变量名称；

ans：计算结果的变量名；

eps：MATLAB 定义的正的极小值＝2.2204e－16；

pi：圆周率 π；

i（或 j）：虚数单位；

NaN：非数；

nargin：函数的输入变量个数；

nargout：函数的输出变量个数；

inf：无穷大；

realmin：最小正实数；

realmax：最大正实数。

MATLAB 语句形式为：变量＝表达式，即通过等于符号将表达式的值赋予变量。当键入回车键时，该语句被执行。语句执行之后，窗口自动显示出语句执行的结果。如果希望结果不被显示，则只要在语句之后加上一个分号（；）即可。此时尽管结果没有显示，但它依然被赋值并在 MATLAB 工作空间中分配了内存。

2）数值显示格式

任何 MATLAB 语句的执行结果都可以在屏幕上显示，同时赋值给指定的变量，没有指定变量时，赋值给特殊的变量 ans，数据的显示格式由"format"命令控制。"format"只影响结果的显示，不影响其计算与存储。MATLAB 总是以双字长浮点数（双精度）来执行所有的运算，如果结果为整数，则显示没有小数；如果结果不是整数，则输出形式有：

format(short)：短格式（5 位定点数）99.1253；

format long：长格式（15 位定点数）99.12345678900000；

format short e：短格式 e 方式 9.9123e＋001；

format long e：长格式 e 方式 9.912345678900000e＋001；

format bank：2 位十进制 99.12；

format hex：十六进制格式。

2. 数据运算

1）常用的数学运算符

MATLAB 的运算符共分 5 类：数学运算符、关系运算符、逻辑运算符、位运算符和集合运算符。

（1）数学运算符：按其优先级别依次为转置(.′)、共轭转置(′)、幂(.ˆ)、矩阵幂(ˆ)；正负号(＋/－)；点乘(.＊)、乘(.)、点除(.\ , ./)、除(\ , /)；加减(＋ , －)；冒号(：)。

（2）关系运算符：等于(＝＝)、不等于(～＝)、大于(＞)、大于等于(＞＝)、小于(＜)、小于等于(＜＝)。

（3）逻辑运算符：与(&)、或(|)、非(～)。

（4）位运算符（其功能是对非负整数进行位对位的逻辑运算）：bitand、bitor、bitxor、bitset、bitget、bitcmp、bitshift。

（5）集合运算符：仅限于向量运算，将向量视为集合来进行各种集合运算。

2）常用的基本数学函数

常用的数学函数包括 abs、sin、cos、tan、asin、acos、atan、sqrt、exp、imag、real、sign、log、log10、conj(共轭复数)、real(复数 z 的实部)、angle(复数 z 的相角)、imag(复数 z 的虚部)等。

3. 向量运算

1）向量生成

向量包括行向量和列向量。在 MATLAB 中，向量的表示是用左方括号"["开始，以空格或逗号为间隔输入元素值，最后以右方括号"]"结束，生成的向量是行向量。列向量也是以左方括号开始，右方括号结束的，不过元素值之间使用分号或者 Enter 键分隔。对行向量转置运算可以得到列向量。除了直接输入外，还有以下三种生成行向量的方法。

（1）冒号法。

调用格式为：x=a:b:c。

生成的向量 x 是以 a 为初值、c 为终值、b 为公差的等差数列构成的行向量，冒号表示直接定义向量元素之间的增量，而不是向量元素的个数。若增量为 1（即 b=1），上面的格式可简写为 x=a:c。

（2）函数 linspace。

调用格式为：linspace(first_value, last_value, number)。

其功能是生成一个初值为 first_value，终值为 last_value，元素个数为 number 个的等差数列构造的行向量。由此可知，linspace 是通过直接定义元素个数，而不是元素之间的增量来创建向量的。

（3）函数 logspace。

调用格式为：logspace(first_value, last_value, number)。

该格式表示构造一个从初值为 10^{first_value}，终值为 10^{last_value}，元素个数为 number 个的行向量。logspace 函数功能相当对 linspace 函数产生的向量取以 10 为底的指数。

2）向量的运算

（1）向量与标量的四则运算：向量与标量之间的四则运算是指向量中的每个元素分别与标量进行加、减、乘、除运算。

（2）向量间的运算：向量间加减运算时，参与运算的向量必须具有相同的维数。向量的乘除运算中，点乘".*"、点除"./或.\"，参与运算的向量必须具有相同的维数，点乘或点除为向量对应的元素相乘或相除。乘、除必须满足线性代数中所学的矩阵相乘或相除的条件。

（3）幂运算：向量的幂运算符为".^"，是元素对元素的幂运算。

3）向量元素的引用

向量元素的下标是从 1 开始的，对元素的引用格式为变量名(下标)。计算向量元素个数、最大值、最小值的函数分别为 length、max、min。

4. 矩阵运算

1）矩阵的定义

由 m 行 n 列构成的数组称为 $m \times n$ 阶矩阵，用"[]"方括号定义矩阵，用逗号或空格号分隔矩阵列元素，分号或 Enter 键分隔矩阵行元素。矩阵 A 中第 i 行第 j 列元素可用 $A(i, j)$ 表示，其中 i 为行号，j 为列号。矩阵元素可以为数值、变量、表达式或字符串。若为变量，应先赋值，表达式和变量可以以任何组合形式出现。若为字符串，每一行中的字母个数必须相等。

2）矩阵的生成

（1）用线性等间距生成向量矩阵(start：step：end)，其中 start 为起始值，step 为步长，end 为终止值。当步长为 1 时可省略 step 参数；另外 step 也可以取负数。例如：

```
>> a=[1:2:10]
a=
    1  3  5  7  9
```

（2）a＝linspace(n1，n2，n)，在线性空间上，行矢量的值从 $n1$ 到 $n2$，数据个数为 n，缺省 n 为 100。例如：

```
>> a=linspace(1, 10, 10)
a=
    1  2  3  4  5  6  7  8  9  10
```

（3）a＝logspace(n1，n2，n)，在对数空间上，行矢量的值从 10^{n1} 到 10^{n2}，数据个数为 n，缺省 n 为 50。这个指令为建立对数频域轴坐标提供了方便。

```
>> a=logspace(1, 3, 3)
a=
    10  100  1000
```

（4）常用的特殊矩阵：

① 单位矩阵：eye(m，n)，生成 $m \times n$ 阶单位矩阵；eye(m)，生成 m 阶单位方阵。例如：

```
>> eye(2, 3)
ans=
    1 0 0
    0 1 0
```

② 零矩阵：zeros(m，n)，生成 $m \times n$ 阶全 0 矩阵；zeros(m)，生成 m 阶全 0 方阵。

③ 一矩阵：ones(m，n)，生成 $m \times n$ 阶全 1 矩阵；ones(m)，生成 m 阶全 1 方阵。

④ 对角矩阵：定义对角元素向量，V＝[a1，a2，…，an]；生成对角矩阵，A＝diag(V)。例如：

```
>> V=[5 7 2]; A=diag(V)
A=
    5 0 0
    0 7 0
    0 0 2
```

如果已知 **A** 为方阵，则 V＝diag(A) 可以提取 **A** 的对角元素构成向量 **V**。

⑤ 随机矩阵：rand(m，n)，产生 $m \times n$ 阶均匀分布的随机矩阵，元素值范围为 0～1。

（5）常用的矩阵函数：

① [m，n]＝size(a，x)，返回矩阵的维数，m 为行数，n 为列数。当 $x=1$ 时，则只返回行数 m；当 $x=2$ 时，则只返回列数 n。length(A)＝max(size(A))，返回行数或列数的最大值。

② inv(A)，生成 **A** 的逆矩阵，要求矩阵为方阵。

③ rank(A)，求矩阵的秩。

④ det(A)，求行列式的值，要求矩阵为方阵。

⑤ poly，求矩阵的特征多项式。

⑥ sqrtm，矩阵开方运算。

⑦ expm，矩阵指数运算。

3）矩阵的运算

（1）四则运算与幂运算。四则运算包括＋，－，＊，\和/，＾，.＊，.\，./，.＾。只有维数相同的矩阵才能进行加减运算。当两个矩阵中前一个矩阵的列数和后一个矩阵的行数相同时，才可以进行乘法运算。$a \backslash b$ 运算等效于求 $a * x = b$ 的解；而 a/b 等效于求 $x * b = a$ 的解。只有方阵才可以求幂。点运算是两个维数相同矩阵对应元素之间的运算，在有的教材中也定义为数组运算。

【例 1 - 1】　a＝[1 2；3 4]；b＝[3 5；5 9]

```
>> c=a+b                    d=a-b
>> c=                       d=
        4    7                  -2    -3
        8   13                  -2    -5
>> a * b=[13 23; 29 51]
>> a/b=[-0.50 0.50; 3.50 -1.50]
>> a\b=[-1  -1; 2 3]
>> a^3=[37 54; 81 118]
>> a. * b=[3 10; 15 36]
>> a./b=[0.33 0.40; 0.60 0.44]
>> a.\b=[3.00 2.50; 1.67 2.25]
>> a.^3=[1 8; 27 64]
```

（2）矩阵转置。对于实矩阵用（′）符号或（.′）求转置结果是一样的；然而对于含复数的矩阵，则（′）将同时对复数进行共轭处理，而（.′）则只是将其排列形式进行转置。

（3）矩阵分解。将矩阵拆解为数个矩阵的乘积，可分为 SVD（奇异值）分解、特征值分解、正交分解和三角分解等。

① 奇异值分解。求矩阵 A 的奇异值及分解矩阵，满足 $U * S * V' = A$，其中 U、V 矩阵为正交矩阵（$U * U' = I$），S 矩阵为对角矩阵，它的对角元素即 A 矩阵的奇异值。

【例 1 - 2】　已知 $A = [9\ 8；6\ 8]$，对 A 进行奇异值分解。

```
>> A=[9 8; 6 8];
>> [U, S, V]=svd(A)
U=
    -0.7705    -0.6375
    -0.6375     0.7705
S=
    15.5765          0
         0      1.5408
V=
    -0.6907    -0.7231
    -0.7231     0.6907
```

② 特征值分解。语句形式为：[V, D]＝eig(A)。求矩阵 A 的特征向量 V 及特征值 D，满足 $A * V = V * D$，其中 D 的对角线元素为特征值，V 的列为对应的特征向量。如果语句形式为 D＝eig(A)，则只返回特征值。

③ 正交分解。语句形式为：[Q，R]＝qr(A)。将矩阵 A 做正交化分解，使得 $Q * R =$

A，其中 Q 为正交矩阵（其范数为 1，指令 norm(Q)＝1），R 为对角化的上三角矩阵。

④ 三角分解。语句形式为：[L，U]＝lu(A)。将 A 做对角线分解，使得 $A＝L*U$，其中 L 为下三角矩阵，U 为上三角矩阵。

注意：L 实际上是一个"心理上"的下三角矩阵，它事实上是一个置换矩阵 P 的逆矩阵与一个真正下三角矩阵 L_1（其对角线元素为 1）的乘积，因此有：[L1，U1，P]＝lu(A)。

【例 1 - 3】　对矩阵 A 进行三角分解。

分解方法及结果如下：

```
>> A=[9 8; 6 8];
>> [L, U]=lu(A)
L=
    1.0000         0
    0.6667    1.0000
U=
    9.0000    8.0000
         0    2.6667
>> [L1,U1,P]=lu(a)
L1=
    1.0000         0
    0.6667    1.0000
U1=
    9.0000    8.0000
         0    2.6667
P=
    1    0
    0    1
```

可以验证：

$$U_1＝U, \ \mathrm{inv}(P)*L_1＝L, \ A＝L*U, \ P*A＝L_1*U_1$$

5. 数组运算

1）数组的概念

数组是一组实数或复数排成的长方阵列。一维数组通常是指单行或单列的矩阵，即行向量或列向量。而多维数组则可以认为是矩阵在维数上的扩张，实际上也是矩阵中的一种特例。从数据结构上看，二维数组和数学中的矩阵没有区别。

2）数组的生成

一维数组与向量生成的方法相同；二维数组与矩阵生成的方法相同；多维数组可按其数据结构生成。

数组的运算参见向量运算和矩阵运算。

6. 多项式处理

1）多项式的建立与表示方法

MATLAB 中多项式使用降幂系数的行向量表示，如：多项式 $x^4-12x^3+25x+116$

表示为：p＝$[1\ -12\ 0\ 25\ 116]$，使用函数 roots 可以求出多项式等于 0 的根，根用列向量表示。若已知多项式等于 0 的根，函数 poly 可以求出相应多项式。

```
>>r=roots(p)
r=
    11.7473
     2.7028
    -1.2251 + 1.4672i
    -1.2251 - 1.4672i
>> p=poly(r)
p=
    1    -12    -0    25    116
```

2）多项式运算

（1）多项式加减。MATLAB 中没有提供多项式加减运算的命令，但是可以利用多项式系数的加减运算来实现多项式的加减运算。对于阶次相同的多项式，可直接对多项式系数进行加减运算；对于阶次不同的多项式，以高阶多项式为准，需首先把低阶多项式的系数向量前用 0 补足高阶项系数。

（2）多项式乘除运算。conv 函数计算多项式相乘，conv 指令可以嵌套使用，如 conv(conv(a，b)，c)；deconv 函数计算多项式相除。

（3）求解多项式。polyder 函数求解多项式的一阶微分多项式，调用格式为：一阶微分多项式系数向量＝polyder(多项式系数向量)。

polyval(p，n)用于求解多项式函数值，即将值 n 代入多项式 p 求解。

7. 图形处理

1）plot( )绘制二维曲线函数图形

plot 是基本二维绘图指令，有以下几种调用格式。

（1）plot(x，y)，以 x 为横坐标，y 为纵坐标的曲线。

（2）plot(x)，x 可以是向量或矩阵。若 x 是向量，则以 x 元素的值为纵坐标，以相应元素下标为横坐标，绘制曲线。若 x 为 $m×n$ 阶矩阵，则每列绘制一条曲线，以列元素的值为纵坐标，以相应元素行标为横坐标绘制曲线，所以共有 n 条曲线。

（3）plot(x1，y1，′option1′，x2，y2，′option2′，…)，单条曲线或者多条曲线绘图参数选择。其中，′option1′可以确定为颜色、线型及数据点的图标等属性，可以指定一条曲线的多个属性，属性没有先后顺序之分。

【例 1 - 4】　用"∗""."和"－－"画出三条不同的正弦曲线，在 MATLAB 命令窗口中输入如下语句，则可得到如图 1 - 2 所示的曲线。

程序如下：

```
x=0:pi/50:2*pi;
y1=sin(x);
y2=sin(x-0.25);
y3=sin(x-0.5);
plot(x, y1, '*', x, y2, '.', x, y3, '-');
```

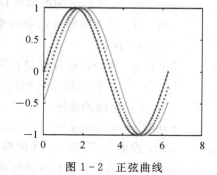

图 1 - 2　正弦曲线

2）figure 函数选择图形

figure(1)；figure(2)；…；figure(n)；用于打开不同
的图形窗口，以便绘制不同的图形。若是需要查看第 2 幅图形，可以用 figure(2)命令打开。

3）subplot 分割图形显示窗口

subplot(m，n，k)，将当前窗口分割成 m 行 n 列区域，并指定第 k 个子图区域为当前
绘图区域。子窗口序号是按行从上往下、按列从左到右进行编号的。

【例 1 - 5】　在同一窗口中绘制三条曲线。输入如下指令，得到如图 1 - 3 所示的绘图
窗口。

```
>> x=0:pi/50:2*pi;
y1=sin(x);
y2=0.75*sin(x);
y3=0.5*sin(x);
subplot(3，1，1);
plot(x，y1)
subplot(3，1，2);
plot(x，y2)
subplot(3，1，3);
plot(x，y3)
```

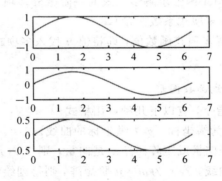

图 1 - 3　3 行 1 列绘图窗口

4）图形坐标轴调整与图形标注

（1）网格控制。

grid on：在所画出的图形坐标中加入栅格。

grid off：除去图形坐标中的栅格。

（2）图形保持。

hold on：把当前图形保持在屏幕上不变，同时允许在这个坐标内绘制另外一个图形。

hold off：使新图形覆盖旧的图形。

（3）设定坐标轴范围。

axis([xmin xmax ymin ymax])：坐标轴范围设置。

axis('控制字符串')：坐标轴特性设置。'控制字符串'包括'auto'、'square'、'equal'、
'normal'，分别表示自动设置坐标系、将图形设置为正方形、将 x 坐标轴和 y 坐标轴的单位刻

度设置为相等、关闭 axis(square)和 axis(equal)函数的作用。

（4）文字标示。

text(x，y，'字符串')：在图形的指定坐标位置(x，y)处，标示单引号括起来的字符串。

gtext('字符串')：利用鼠标在图形的某一位置标示字符串。

title('字符串')：在所画图形的最上端显示说明该图形标题的字符串。

xlabel('字符串')，ylabel('字符串')：设置 x，y 坐标轴的名称。输入特殊的文字需要用反斜杠(\\)开头。

legend('字符串 1'，'字符串 2'，…，'字符串 n')：标注图例，即在屏幕上开启一个小视窗，然后依据绘图命令的先后次序，用对应的字符串区分图形上的线。

（5）图形填充。

fill(x，y，'color')：用指定颜色填充由数据所构成的多边形。

（6）特殊坐标二维绘图函数。

loglog：x 轴和 y 轴均为对数刻度。

semilogx：x 轴为对数刻度，y 轴为线性刻度。

semilogy：x 轴为线性刻度，y 轴为对数刻度。

（7）应用型绘图指令。

了解应用型绘图指令如 bax(x，y)、hist(x)、stairs(x，y)、stem(x，y)等，可用于数值统计分析或离散数据处理。

（8）补充说明。

对于图形的属性编辑同样可以通过在图形窗口上直接进行，但图形窗口关闭之后编辑结果不会保存。

1.1.3　M 文件编程及应用

1. MATLAB 程序设计基本原则

MATLAB 程序设计需要遵循以下八条基本原则：

（1）％后面的内容是程序的注解，要善于运用注解使程序更具可读性。

（2）养成在主程序开头用 clear 指令清除变量的习惯，以消除工作空间中其他变量对程序运行的影响。但注意在子程序中不要用 clear。

（3）参数值要集中放在程序的开始部分，以便维护。要充分利用 MATLAB 工具箱提供的指令来执行所要进行的运算，在语句行之后输入分号使其及中间结果不在屏幕上显示，以提高执行速度。

（4）input 指令可以用来输入一些临时的数据；而对于大量参数，则通过建立一个存储参数的子程序，在主程序中用子程序的名称来调用。

（5）程序尽量模块化，也就是采用主程序调用子程序的方法，将所有子程序合并在一起来执行全部的操作。

（6）充分利用 Debugger 来进行程序的调试（设置断点、单步执行、连续执行），并利用其他工具箱或图形用户界面(GUI)的设计技巧，将设计结果集成到一起。

（7）设置好 MATLAB 的工作路径，以便程序运行。

（8）MATLAB 程序的基本组成结构如下：

%说明

清除命令：清除 workspace 中的变量和图形（clear，close）；

定义变量：全局变量的声明及参数值的设定；

逐行执行命令：MATLAB 提供的运算指令或工具箱提供的专用命令

……

控制循环

逐行执行命令　　　　　　} 包含 for，if，switch，while 等语句

……

end

绘图命令：将运算结果绘制出来。

当然更复杂程序还需要调用子程序，或与 Simulink 以及其他应用程序结合起来。

2. M 文件的建立、打开和调试

M 文件是一个文本文件，它可以用任何编辑程序来建立和编辑。最方便的还是使用 MATLAB 提供的文本编辑器，其具有编辑与调试两种功能，建立 M 文件只要启动文本编辑器，在文档窗口中输入 M 文件的内容，然后保存即可。

1）MATLAB 工作路径设置

在运行程序之前，必须设置好 MATLAB 的工作路径，使所要运行的程序及运行程序所需要的其他文件处在当前目录之下，程序才能正常运行。否则可能导致无法读取某些系统文件或数据，从而程序无法执行。通过"cd"指令在命令窗口中可以更改、显示当前工作路径。通过路径浏览器（path browser）也可以进行设置。

2）启动文本编辑器的三种方法

（1）菜单操作：从 MATLAB 工作界面的"File"菜单中选择"New"菜单项，再选择"M-file"命令，屏幕将出现 MATLAB 文本编辑器的窗口。

（2）命令操作：在 MATLAB 命令窗口输入命令"edit"，按 Enter 键，即可启动 MATLAB 文本编辑器。

（3）命令按钮操作：单击 MATLAB 命令窗口工具栏上的"新建"命令按钮，启动 MATLAB 文本编辑器。

在编辑环境中，文字的不同颜色显示表明文字的不同属性，其中绿色表示注解，黑色表示程序主体，红色表示属性值的设定，蓝色表示控制流程。

3）打开已有 M 文件的三种方式

（1）菜单操作：在 MATLAB 工作界面的"File"菜单中选择"Open"命令，则屏幕出现"Open"对话框，在文件名对话框中选中所需打开的 M 文件名。

（2）命令操作：在 MATLAB 命令窗口输入命令"edit<文件名>"，按 Enter 键，则可打开指定的 M 文件。

（3）命令按钮操作：单击 MATLAB 命令窗口工具栏上的打开命令按钮，再从弹出的对话框中选择所需打开的 M 文件名。

4）M 文件的调试

在文本编辑器窗口菜单栏和工具栏的下面有三个区域，如图 1-4 所示，右侧的大区域是程序窗口，用于编写程序；最左面区域显示的是行号，每行都有数字，包括空行，行号是自动出现的，随着命令行的增加而增加。在行号和程序窗口之间的区域上有一些小横线，只在可执行的行上，空行、注释行、函数定义行等非执行的行前面不出现。程序调试时，可以直接在可执行的行上单击鼠标以设置或清除断点，图 1-4 中的红色圆点即为断点。

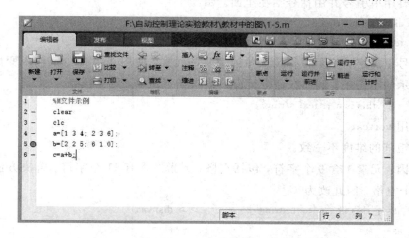

图 1-4　M 文件编辑窗口

3. MATLAB 的程序类型

MATLAB 的程序类型有两种：一种是在命令窗口下执行的脚本 M 文件；另外一种是函数（function）文件。

1）脚本 M 文件

在命令窗口中输入并执行，所用的变量都在工作空间中获取，不需要输入/输出参数的调用，退出 MATLAB 后就释放。

2）函数文件

与在命令窗口中输入命令一样，函数接收输入参数，然后执行并输出结果。用 help 命令可以显示它的注释说明。函数文件具有标准的基本结构。

（1）函数定义行（关键字 function）：

function[out1, out2,..]=filename(in1, in2,..)

输入和输出（返回）的参数个数分别由 nargin 和 nargout 两个 MATLAB 保留的变量来给出。

（2）第一行帮助行，即 H1 行，以（%）开头，作为 lookfor 指令搜索的行。

（3）函数体说明及有关注解，以（%）开头，用以说明函数的作用及有关内容。如果希望某段信息不显示，可在它的前面加空行。

（4）函数体语句。

除在 function 语句中直接引用的变量（如返回和输入变量等）以外，函数体内使用的所有变量都是局部变量，即在该函数返回之后，这些变量会自动在 MATLAB 的工作空间中清除掉。如果希望这些中间变量成为在整个程序中都起作用的变量，则可以将它们设置为全局变量。

4. 字符串及宏命令

1）字符串

字符串要用单引号并用括号括在里面。如：

>> disp('text string')　%disp 字符串显示命令

　　text string

在单引号里的字符串可以作为矢量或矩阵的元素。使用 disp 命令或输入变量名就可以显示它们表示的字符串。例如在命令行窗口输入如下指令，则会报错。

>> a=['this is a'; 'text string']

错误使用 vertcat。

串联的矩阵的维度不一致。

报错原因：元素 1 含 9 个字符，包括空格；元素 2 含有 11 个字符。解决方法是在元素 1 中加入 2 个空格，因此改为

>> aa=['this is a'; 'text string']　　　　　　>> disp(aa)

aa=　　　　　　　　　　　　　　　　　　　　　　aa=

　　this is a　　　　　　　　　　　　　　　　　　this is a

　　text string　　　　　　　　　　　　　　　　text string

2）宏

宏是 MATLAB 语言用在常用命令部分的缩写，它可以被存储用于建立 M 文件的一部分。宏命令采用字符串，并使用 eval 命令去执行宏命令。下例是采用宏命令计算阶乘的例子。

>> fct='prod(1:n)';　　%求 10 的阶乘

>> n=10;

>> eval(fct)

ans=

　　3628800

5. M 文件的程序结构

M 文件的程序结构一般分为顺序结构、循环结构和分支结构三种。程序控制流程主要包括以下四种。

1）for 循环语句

for 循环语句基本格式为

　　for　循环变量=起始值：步长：终止值

　　　　循环体

　　　　end

步长缺省值为 1，可以在正实数或负实数范围内任意指定。对于正数，循环变量的值

大于终止值时,循环结束;对于负数,循环变量的值小于终止值时,循环结束。循环结构可以嵌套使用。

2）while 循环语句

while 循环语句基本格式为

 while 表达式
   循环体
   end

若表达式为真,则执行循环体的内容,执行后再判断表达式是否为真;若不为真,则跳出循环体,向下继续执行。

3）if, if – else, if – elseif 语句

（1）if 语句基本格式为

 if 逻辑表达式
   执行语句
   end

当逻辑表达式的值为真时,执行该结构中的执行语句,执行完之后继续向下进行;若为假,则跳过结构中的内容,向下执行。

（2）if – else 语句基本格式为

 if 逻辑表达式
   执行语句 1
   else
   执行语句 2
   end

（3）if – elseif 语句基本格式为

 if 逻辑表达式 1
   执行语句 1
   elseif 逻辑表达式 2
   执行语句 2
   …
   end

if – else 的执行方式为:如果逻辑表达式的值为真,则执行语句 1,然后跳过语句 2,向下执行;如果为假,则执行语句 2,然后向下执行。

if – elseif 的执行方式为:如果逻辑表达式 1 的值为真,则执行语句 1;如果为假,则判断逻辑表达式 2,如果为真,则执行语句 2,否则向下执行。

4）switch 语句

switch 语句基本格式为

 switch 表达式(%可以是标量或字符串)
  case 值 1
  语句 1

```
case        值 2
            语句 2
            …

otherwise
            语句 3

end
```

表达式的值和哪种情况(case)的值相同，就执行哪种情况中的语句，如果不同，则执行 otherwise 中的语句。格式中也可以不包括 otherwise，这时如果表达式的值与列出的各种情况都不相同，则继续向下执行。

1.1.4 课外实验

【实验 1 - 1】 已知矩阵 $A=[1\ 0\ -2;2\ 4\ 1;-1\ 0\ 5]$，$B=[0\ -1\ 0;2\ 1\ 3;1\ 1\ 2]$，求 $2A+B$、$A*B$、$B*A$、$A.*B$、A/B、$A\backslash B$、$A./B$、$A.\backslash B$。

【实验 1 - 2】 已知 $y=1+2+2^2+2^3+\cdots+2^{63}$，编写 M 文件程序求 y 的值。

【实验 1 - 3】 利用函数产生 3 行 4 列单位矩阵和全部元素都是 3 的 4 行 4 列常数矩阵。

【实验 1 - 4】 当前窗口分成三个区域，用不同的颜色和不同线型分别绘制 t，$\sin t$，$\cos t$ 在 $t=(0,2\pi)$ 的曲线，并根据需要调整坐标轴的大小、加入文字标示和网格。

【实验 1 - 5】 已知两个系统的单位阶跃响应分别为

$$y_1(t)=1-0.5\mathrm{e}^{-2t}-0.5\mathrm{e}^{-10t}$$

$$y_2(t)=1-1.155\mathrm{e}^{-3t}\sin(5.12t+60°)$$

试用不同线型和颜色在同一坐标系绘制出两个系统的阶跃响应曲线，并加上图例和图的标题。

1.2 Simulink 基础

1990 年，Mathworks 公司为 MATLAB 提供了新的控制系统模型图输入与仿真工具，并命名为 SIMULAB，该工具很快在控制工程界获得了广泛的认可，使得仿真软件进入了模型化图形组态阶段。但因其名字与当时比较著名的软件 SIMULA 类似，所以 1992 年正式将该软件更名为 Simulink。

Simulink 的出现给控制系统分析与设计带来了福音。顾名思义，该软件的名称表明了该系统的两个主要功能：Simu(仿真)和 Link(连接)，即该软件可以利用鼠标在模型窗口上绘制出所需要的控制系统模型，然后利用 Simulink 提供的功能来对系统进行仿真和分析。

Simulink 是 MATLAB 软件的扩展，它是实现动态系统建模和仿真的一个软件包，它与 MATLAB 语言的主要区别在于，其与用户交互接口是基于 Windows 的模型化图形输入，其结果是使得用户可以把更多的精力投入到系统模型的构建，而非语言的编程上。

所谓模型化图形输入是指 Simulink 提供了一些按功能分类的基本的系统模块，用户只需要知道这些模块的输入/输出及模块的功能，而不必考察模块内部是如何实现的，通过对这些基本模块的调用，再将它们连接起来就可以构成所需要的系统模型（以 .mdl 文件进行存取），进而进行仿真与分析。

1.2.1　Simulink 基本操作

1. Simulink 启动

在 MATLAB 命令窗口中输入"simulink"命令，按回车键后即可启动 Simulink，或单击 MATLAB 窗体上的 Simulink 快捷按钮，会在桌面上出现一个称为"Simulink Library Browser"的窗口，如图 1-5 所示，在这个窗口中列出了按功能分类的各种模块的名称。当然用户也可以通过 MATLAB 主窗口来打开"Simulink Library Browser"窗口。该窗口的左下分窗以树状列表的形式列出了当前 MATLAB 系统中已安装的 Simulink 模块库。用鼠标单击树状列表模块库中之一，则右边分窗将显示此模块库包含的模块。也可以在浏览器窗口右上角的输入栏中直接输入模块名并单击"Find"按钮进行查询。

图 1-5　Simulink 模块库浏览器窗口

2. Simulink 建模

在图 1-1 所示的 MATLAB 界面点击"新建"→"Simulink Model"，或者当启动 Simulink 后，单击 Simulink 窗体工具栏中的新建图标，则会出现一个如图 1-6 所示的"untitled"模型编辑窗口，即新的文件，文件保存名为 *.mdl，在保存时更改。

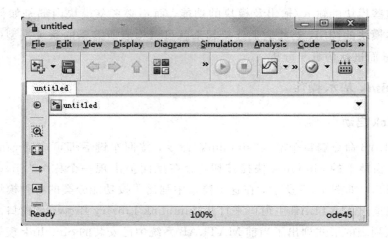

图 1-6 Simulink 模型编辑窗口

1.2.2 Simulink 模块及仿真设置

1. Simulink 的模块库

模块包括常用模块组（Commonly Used Blocks）、连续模块（Continuous）、非连续模块（Discontinuities）、离散模块（Discrete）、数学运算模块（Math Operations）、信号线路模块（Signal Routing）、信号属性模块（Signal Attributes）、接收器模块（Sinks）和输入源模块（Sources）等。下面将具体介绍部分模块。

1）连续（Continuous）模块

在图 1-5 所示的基本模块中选择"Continuous"选项，在右侧的列表框中会显示图 1-7 所示的连续模块。常用的连续模块及功能说明如下：

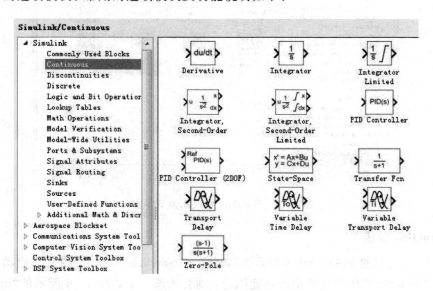

图 1-7 连续模块

Integrator：输入信号积分；

Derivative：输入信号微分；

State – Space：线性状态空间系统模型；

Transfer Fcn：线性传递函数模型；

Zero – Pole：以零极点表示的传递函数模型；

Transport Delay：输入信号延时一个固定时间再输出；

Variable Transport Delay：输入信号延时一个可变时间再输出。

2）离散（Discrete）模块

在图 1-5 所示的基本模块中选择"Discrete"选项，在右侧的列表框中会显示图 1-8 所示的离散模块。常用的离散模块及功能说明如下：

Discrete – Time Integrator：离散时间积分器；

Discrete Filter：IIR 与 FIR 滤波器；

Discrete State – Space：离散状态空间系统模型；

Discrete Transfer Fcn：离散传递函数模型；

Discrete Zero – Pole：以零极点表示的离散传递函数模型；

First – Order Hold：一阶采样和保持器；

Zero – Order Hold：零阶采样和保持器；

Unit Delay：一个采样周期的延时。

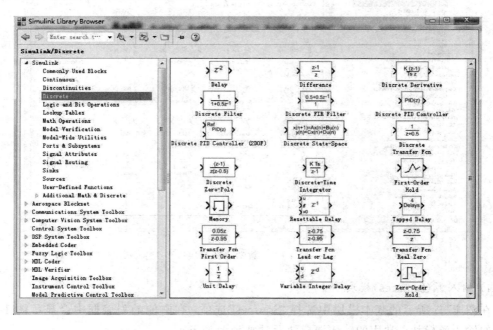

图 1-8　离散模块

3）数学运算（Math Operations）模块

在图 1-5 所示的基本模块中选择"Math Operations"选项，在右侧的列表框中会显示图 1-9 所示的数学运算模块。常用的数学运算模块及功能说明如下：

Sum：加减运算；

Product：乘运算；

Dot Product：点乘运算；

Gain：比例运算；

Math Function：包括指数函数、对数函数、求平方、开根号等常用数学函数；

Trigonometric Function：三角函数，包括正弦、余弦、正切等；

MinMax：最值运算；

Abs：取绝对值；

Sign：符号函数；

Complex to Magnitude – Angle：由复数输入转为幅值和相角输出；

Magnitude – Angle to Complex：由幅值和相角输入合成复数输出；

Complex to Real – Imag：由复数输入转为实部和虚部输出；

Real – Imag to Complex：由实部和虚部输入合成复数输出。

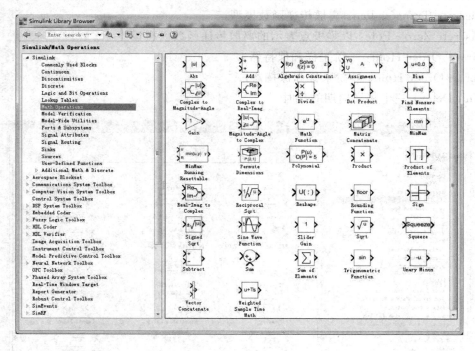

图 1 - 9　数学运算模块

4）输入源（Sources）模块

在图 1-5 所示的基本模块中选择"Sources"选项，在右侧的列表框中会显示图 1-10 所示的输入源模块。常用的输入源模块及功能说明如下：

Constant：常数信号；

Clock：时钟信号，显示和提供仿真时间；

From Workspace：来自 MATLAB 的工作空间；

From File：来自数据文件；

Pulse Generator：脉冲发生器；

Repeating Sequence：产生规律重复的任意信号；

Signal Generator：信号发生器，可以产生正弦、方波、锯齿波及随意波；

Sine Wave：正弦波信号；

Step：阶跃信号；

Ramp：斜坡输入信号；

Uniform Random Number：一致随机数。

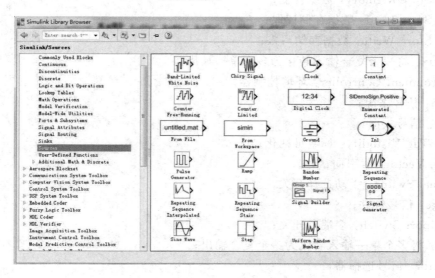

图 1 - 10　输入源模块

5）接收器（Sinks）模块

在图 1 - 5 所示的基本模块中选择"Sinks"选项，在右侧的列表框中会显示图 1 - 11 所示的接收器模块。

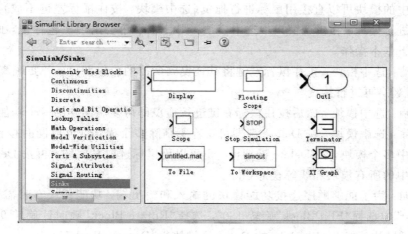

图 1 - 11　接收器模块

6）信号线路（Signal Routing）模块

在图 1-5 所示的基本模块中选择 Signal Routing 选项，在右侧的列表框中会显示信号线路模块。常用的信号线路模块及功能说明如下：

Bus Assignment：总线分配；

Bus Creator：总线生成；

Bus Selector：总线选择；

Data Store Memory：数据存储；

Data Store Read：数据存储读取；

Data Store Write：数据存储写入；

Demux：将一个复合输入转化为多个单一输出；

Environment Controller：环境控制器；

From：信号来源；

Goto：信号去向；

Goto Tag Visibility：标签可视化；

Index Vector：索引向量；

Manual Switch：手动选择开关；

Merge：信号合并；

Multiport Switch：多端口开关；

Mux：将多个单一输入转化为一个复合输出；

Selector：信号选择器；

Switch：开关选择。

2. Simulink 功能模块的基本操作

Simulink 功能模块的基本操作，包括模块的移动、复制、删除、转向、改变大小、模块命名、颜色设定、参数设定、属性设定、模块输入/输出信号等。

模块库中的模块可以直接用鼠标进行拖曳（选中模块，按住鼠标左键不放），然后放到模型窗口中进行处理。在模型窗口中选中模块，则其 4 个角会出现黑色标记，此时可以对模块进行以下基本操作。

（1）移动：选中模块，按住鼠标左键将其拖曳到所需的位置即可。若要脱离线而移动，可按住 Shift 键，再进行拖曳。

（2）复制：选中模块，然后按住鼠标右键进行拖曳即可复制同样的一个功能模块。

（3）删除：选中模块，按 Delete 键即可。若要删除多个模块，可以同时按住 Shift 键，再用鼠标选中多个模块，按 Delete 键即可。也可以用鼠标选取某区域，再按 Delete 键就可以把该区域中的所有模块和线等全部删除。

（4）转向：为了能够顺序连接功能模块的输入和输出端，功能模块有时需要转向。在菜单"Format"中选择"Flip Block"旋转 180°，选择"Rotate Block"顺时针旋转 90°。或者直接按 Ctrl+F 键执行"Flip Block"，按 Ctrl+R 键执行"Rotate Block"。

（5）改变大小：选中模块，对模块出现的 4 个黑色标记进行拖曳即可。

（6）模块命名：先用鼠标在需要更改的名称上单击一下，然后直接更改即可。名称在功能模块上的位置也可以变换 180°，可以用"Format"菜单中的"Flip Name"来实现，也可以直接通过鼠标进行拖曳。"Hide Name"可以隐藏模块名称。

（7）颜色设定："Format"菜单中的"Foreground Color"可以改变模块的前景颜色，"Background Color"可以改变模块的背景颜色；而模型窗口的颜色可以通过"Screen Color"来改变。

（8）参数设定：用鼠标双击模块，就可以进入模块的参数设定窗口，从而对模块进行参数设定。参数设定窗口包含该模块的基本功能帮助，为获得更详尽的帮助，可以点击其上的"Help"按钮。通过对模块的参数设定，就可以获得需要的功能模块。

（9）属性设定：选中模块，打开"Edit"菜单的"Block Properties"可以对模块进行属性设定，包括 Description 属性、Priority 优先级属性、Tag 属性、Open function 属性、Attributes format string 属性、Callbacks 属性。其中 Callbacks 属性是一个很有用的属性，通过它指定一个函数名，则当该模块被双击之后，Simulink 就会调用该函数执行，这种函数称为回调函数。

（10）模块的输入/输出信号：模块处理的信号包括标量信号和向量信号，标量信号是一种单一信号，而向量信号为一种复合信号，是多个信号的集合，它对应着系统中几条连线的合成。缺省情况下，大多数模块的输出都为标量信号，对于输入信号，模块都具有一种"智能"的识别功能，能自动进行匹配。某些模块通过对参数的设定可以使模块输出向量信号。

3. Simulink 线的处理

Simulink 模型是通过用线将各种功能模块进行连接而构成的。用鼠标可以在功能模块的输入与输出端之间直接连线，所画的线可以改变粗细、设定标签，也可以把线折弯、分支。

（1）改变粗细：线引出的信号可以是标量信号或向量信号，当选中"Format"菜单下的"Wide Vector Lines"时，线的粗细会根据线所引出的信号是标量还是向量而改变，如果信号为标量则为细线，若为向量则为粗线。选中"Vector Line Widths"则可以显示出向量引出线的宽度，即向量信号由多少个单一信号合成。

（2）设定标签：只要在线上双击鼠标，即可输入该线的说明标签。也可以通过选中线，然后打开"Edit"菜单下的"Signal Properties"进行设定，其中 signal name 属性的作用是标明信号的名称，设置这个名称反映在模型上的直接效果就是与该信号有关的端口相连的所有直线附近都会出现写有信号名称的标签。

（3）线的折弯：按住 Shift 键，再用鼠标在要折弯的线处单击一下，就会出现圆圈，表示折点，利用折点就可以改变线的形状。

（4）线的分支：按住鼠标右键，在需要分支的地方拉出即可。或者按住 Ctrl 键，并在要建立分支的地方用鼠标拉出即可。

（5）线的删除：单击要删除的连线，连线上出现标记点时，表示该连线已被选中，然后单击工具栏中的"剪切"按钮或者按 Delete 键即可删除。

4. Simulink 自定义功能模块

1）自定义功能模块的方法

自定义功能模块有两种方法：第一种方法是采用"Commonly Used Blocks"模块库中的 Subsystem 功能模块，将 Subsystem 功能模块复制到打开的模型窗口中，双击 Subsystem

功能模块，进入自定义功能模块窗口，从而可以利用已有的基本功能模块设计出新的功能模块；第二种方法是在模型窗口中建立所定义功能模块的子模块，用鼠标将这些需要组合的子功能模块框住，然后选择"Edit"菜单下的"Create Subsystem"，即可形成新的功能模块。对于较复杂的 Simulink 模型，通过自定义功能模块可以简化图形，减少功能模块的个数，有利于模型的分层构建。

2）自定义功能模块的封装

如果要命名自定义功能模块、对功能模块进行说明、选定模块外观、设定输入数据窗口，则需要对自定义功能模块进行封装处理。

首先选中 Subsystem 功能模块，鼠标右击后选择"Mask"→"Create Mask"进入 Mask 的编辑窗口，如图 1-12 所示，Mask 编辑窗口包含 4 个标签页，分别是 Icon & Ports、Parameters & Dialog、Initialization 和 Documentation。

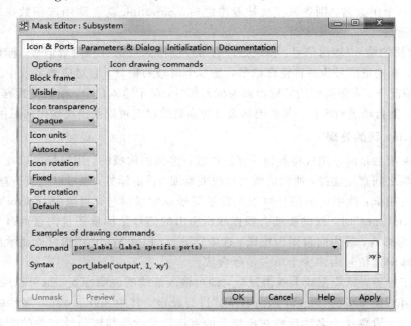

图 1-12　Mask 编辑窗口

5. Simulink 仿真的运行

运行一个仿真的完整过程分成三个步骤：设置仿真参数、启动仿真和仿真结果分析。

1）设置仿真参数

选择"Simulation"菜单下的"Parameters"命令，弹出仿真参数设置对话框，如图 1-13 所示。

（1）Solver(解法器)选项页。

Solver 选项页如图 1-13 所示，其主要功能是设置仿真时间、仿真算法、仿真步长等参数。

① Simulation time(仿真时间)。在 Start time 后的数值框输入系统仿真的开始时间，在 Stop time 后的数值框输入仿真的结束时间；Stop time 减去 Start time 即为系统的仿真

时间。注意，这里的时间概念与真实的时间并不一样，只是计算机仿真中对时间的一种表示，比如 10 秒的仿真时间，如果采样步长定为 0.1，则需要执行 100 步，若把步长减小，则采样点数增加，那么实际的执行时间就会增加。一般仿真开始时间设为 0，而结束时间视不同的因素而选择。总的说来，执行一次仿真要耗费的时间依赖于很多因素，包括模型的复杂程度、解法器及其步长的选择、计算机时钟的速度等。

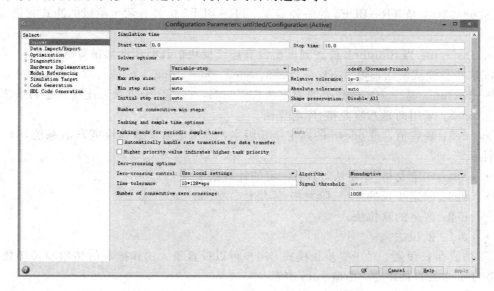

图 1-13　仿真参数设置对话框

② Solver options（解法器选项）。用户在"Type"后面的第一个下拉选项框中指定仿真的步长选取方式，可供选择的有 Variable-step（变步长）和 Fixed-step（固定步长）方式。变步长模式可以在仿真的过程中改变步长，提供误差控制和过零检测。当被仿真的系统变量变化很快时，自动减小仿真步长以提高精度；当被仿真的系统变量变化较慢时，自动增加仿真步长以节省时间。固定步长模式在仿真过程中提供固定的步长，不提供误差控制和过零检测。

用户还可以在 Solver 的下拉菜单中选择对应模式下仿真所采用的算法。

变步长模式解法器有 ode45、ode23、ode113、ode15s、ode23s、ode23t、ode23tb 和 Discrete。

· ode45：缺省值，四/五阶龙格-库塔法，适用于大多数连续或离散系统，但不适用于刚性（stiff）系统。它是单步解法器，也就是说，在计算 $y(t_n)$ 时，它仅需要最近处理时刻的结果 $y(t_n-1)$。一般来说，面对一个仿真问题最好是首先试试 ode45。

· ode23：二/三阶龙格-库塔法，它在误差限要求不高和求解的问题不太难的情况下，可能会比 ode45 更有效。ode23 也是一个单步解法器。

· ode113：是一种阶数可变的解法器，它在误差容许要求严格的情况下通常比 ode45 有效。ode113 是一种多步解法器，也就是在计算当前时刻输出时，它需要以前多个时刻的解。

· ode15s：是一种基于数字微分公式的解法器（NDFs），也是一种多步解法器，适用于刚性系统。当用户估计要解决的问题是比较困难的，或者不能使用 ode45，或者即使使用

ode45 效果也不好的情况下，就可以用 ode15s。

　　• ode23s：是一种单步解法器，专门应用于刚性系统，在弱误差允许下的效果好于 ode15s，能解决某些 ode15s 所不能有效解决的 stiff 问题。

　　• ode23t：是梯形规则的一种自由插值实现，这种解法器适用于求解适度 stiff 的问题而用户又需要一个无数字振荡解法器的情况。

　　• ode23tb：是 TR - BDF2 的一种实现，TR - BDF2 是具有两个阶段的隐式龙格-库塔公式。

　　• Discrete：当 Simulink 检查到模型没有连续模块仿真时用此离散算法。

　　固定步长模式解法器有 discrete、ode8、ode5、ode4、ode3、ode2、ode1 和 ode14x。

　　• discrete：是一个实现积分的固定步长解法器，它适合于离散无连续状态的系统。

　　• ode8：采用的是八阶龙格-库塔算法。

　　• ode5：缺省值，是 ode45 的固定步长版本，适用于大多数连续或离散系统，不适用于刚性系统。

　　• ode4：四阶龙格-库塔法，具有一定的计算精度。

　　• ode3：固定步长的二/三阶龙格-库塔法。

　　• ode2：改进的欧拉法。

　　• ode1：欧拉法。

　　③ 仿真步长设置。对于变步长模式，用户可以设置最大的和推荐的初始步长参数，缺省情况下，步长自动确定，由值 auto 表示。

　　Max step size（最大步长参数）：它决定了解法器能够使用的最大时间步长，缺省值为"仿真时间/50"，即整个仿真过程中至少取 50 个取样点，

　　Initial step size（初始步长参数）：一般建议使用"auto"默认值即可。

　　④ 仿真精度设置（变步长模式）。

　　Relative tolerance（相对误差）：是一个百分比，缺省值为 le - 3，表示变量的计算值要精确到 0.1%。

　　Absolute tolerance（绝对误差）：表示误差值的门限，或者是说在状态值为零的情况下，可以接受的误差。如果它被设成了 auto，那么 Simulink 为每一个状态设置初始绝对误差为 1e - 6。

　　⑤ 周期采样时间的任务模式（固定步长模式）。当解法器的仿真步长类型选择为"Fixed - step"时，周期采样时间的任务模式有以下三种。

　　• MultiTasking：选择这种模式时，当 Simulink 检测到模块间非法的采样速率转换，它会给出错误提示。所谓非法采样速率转换，指两个工作在不同采样速率的模块之间的直接连接。在实时多任务系统中，如果任务之间存在非法采样速率转换，那么就有可能出现一个模块的输出在另一个模块需要时却无法利用的情况。通过检查这种转换，MultiTasking 将有助于用户建立一个符合现实的多任务系统的有效模型。

　　使用速率转换模块可以减少模型中的非法速率转换。Simulink 提供了两个这样的模块：unit delay 模块和 zero - order hold 模块。对于从慢速率到快速率的非法转换，可以在慢输出端口和快输入端口插入一个单位延时 unit delay 模块；而对于快速率到慢速率的转换，则可以插入一个零阶采样保持器 zero - order hold。

· SingleTasking：这种模式不检查模块间的速率转换，它在建立单任务系统模型时非常有用，在这种系统就不存在任务同步问题。

· Auto：缺省值，这种模式下，Simulink 会根据模型中模块的采样速率是否一致，自动决定切换到 MultiTasking 和 SingleTasking。

（2）Data Import/Export 选项页。

单击 Data Import/Export 选项，打开数据输入/输出设置对话框，如图 1 - 14 所示。由此可知，系统的输入信号可来自 MATLAB 的工作空间，系统的输出信号也可保存到工作空间。

① Load from workspace：选中前面的复选框即可从 MATLAB 工作空间获取时间和输入变量，一般时间变量定义为 t，输入变量定义为 u。Initial state 用来定义从 MATLAB 工作空间获得的状态初始值的变量名。

② Save to workspace：用来设置存入 MATLAB 工作空间的变量类型和变量名，选中变量类型前的复选框使相应的变量有效。存入工作空间的变量一般包括输出时间向量（Time）、状态向量（States）和输出变量（Output）。"Final states"用来定义将系统稳态值存入工作空间所使用的变量名。"Limit data points to last"用来设定 Simulink 仿真结果最终可存入 MATLAB 工作空间的变量的规模，对于向量而言即其维数，对于矩阵而言即其秩。Decimation 设定了一个亚采样因子，它的缺省值为 1，也就是保存每一个仿真时间点产生的值；若为 2，则是每隔一个仿真时刻才保存一个值。"Format"用来说明返回数据的格式，包括矩阵 Array、结构 Structure 及带时间的结构 Structure with time。

③ Save options：用来设置存入工作空间的有关选项。

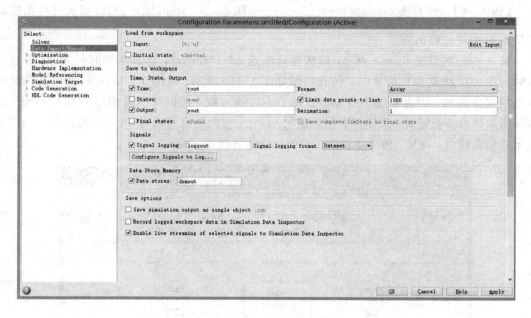

图 1 - 14　Data Import/Export 选项设置对话框

2）启动仿真

设置仿真参数和选择解法器之后，就可以启动仿真进行运行。选择"Simulation"菜单下的"Run"选项来启动仿真。如果模型中有些参数没有定义，则会出现错误信息提示框。

如果一切设置无误，则开始仿真运行，结束时系统会发出提示音。

除了直接在 Simulink 环境下启动仿真外，还可以在 MATLAB 命令窗口中通过函数进行，调用格式为：

$$[t, x, y] = sim('模型文件名', [t_0\ t_f], simset('参数1', 参数值1, '参数2', 参数值2, \cdots))$$

其中 t_0 为仿真起始时间，t_f 为仿真终止时间。$[t, x, y]$ 为返回值，t 为返回的时间向量值，x 为返回的状态值，y 为返回的输出向量值。simset 定义了仿真参数，包括以下一些主要参数：

AbsTol：默认值为 1e-6，设定绝对误差范围；

Decimation：默认值为 1，决定隔多少个点返回状态和输出值；

Solver：解法器的选择；

MaxRows：默认值为 0，表示不限制。若为大于零的值，则表示限制输出和状态的规模，使其最大行数等于该数值；

InitialState：一个向量值，用于设定初始状态；

FixedStep：用一个正数表示步阶的大小，仅用于固定步长模式；

MaxStep：默认值为 auto，用于变步长模式，表示最大的步阶大小。

如果知道模型文件名称，可以用以下命令得到该模型的仿真参数：simget('模型文件名')。

1.2.3　Simulink 应用实例

1. 应用实例

【例 1-6】　对系统 $G(s) = \dfrac{100}{s^2 + 100s + 100}$，取 fixed-step（固定步长）模式进行系统的单位阶跃响应过程仿真。

解　步长类型选 fixed-step，解法器算法选 ode1(Euler)，仿真起始时间为 0，仿真结束时间为 10，仿真步长取 0.05，仿真框图如图 1-15 所示。由图 1-16(a) 可见，其阶跃响应曲线是发散的。因为系统本身是稳定的，不应该发散，所以此仿真曲线与实际不符。原因是所取仿真步长偏大，致使仿真误差过大。因此，修改仿真步长为 0.01，得到如图 1-16(b) 所示的仿真曲线，可见，仿真步长取小后的阶跃响应曲线正确。

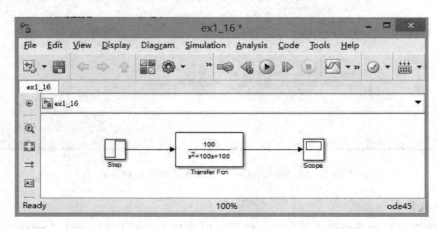

图 1-15　例 1-6 系统仿真结构图

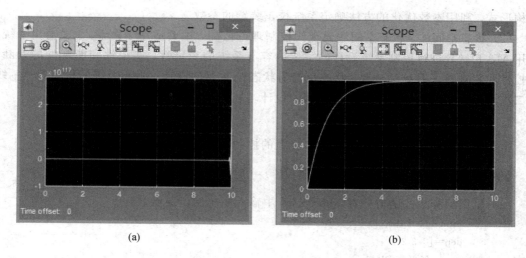

图 1-16　例 1-6 固定步长仿真时的阶跃响应曲线

2. 课外实验

【实验 1-6】　对系统 $G(s) = \dfrac{4}{s^2 + s + 4}$，求单位阶跃响应，要求用 variable-step 模式。

【实验 1-7】　已知某单位反馈系统的开环传递函数为 $G_0(s) = \dfrac{16}{s^2 + 4s}$，试搭建 Simulink 模型求闭环系统的单位阶跃响应，并计算闭环系统阶跃响应性能指标。

【实验 1-8】　已知一个单位反馈系统的闭环传递函数为 $G(s) = \dfrac{s^2 + 9s + 20}{s^3 + 6s^2 + 11s + 20}$，试搭建 Simulink 模型求该系统的单位阶跃响应，找出最合适的仿真时间、仿真步长（定步长模式时）或者 Relative tolerance（变步长模式时）以及相应的解法器。

【实验 1-9】　已知系统的闭环传递函数为 $G(s) = \dfrac{16}{(s+3)(s+2)}$，分别用定步长和变步长方法求该系统的单位阶跃响应，并指出选用不同步长模式所带来的差异。

1.3　MATLAB 在控制系统设计中的应用

MATLAB 在自动控制理论及自动控制系统分析与设计中应用广泛，除可以进行传统的交互式编程来设计控制系统以外，还可以调用大量的工具箱来设计控制系统，如控制系统工具箱、系统辨识工具箱、鲁棒控制工具箱、多变量频域设计工具箱、神经网络工具箱和最优化工具箱。伴随着控制理论的不断发展和完善，MATLAB 已经成为一种控制系统的设计平台，MATLAB 主要可以完成以下类型的自动控制系统分析与设计。

（1）分析法。分析法属经典控制理论范畴，主要适用于单输入/单输出系统。MATLAB 借助于传递函数，利用代数的方法判断系统的稳定性（如劳斯判据），并根据系统的根轨迹、波特（Bode）图和奈奎斯特（Nyquist）图等概念和方法来进一步分析控制系统的稳定性和动静态特性。也可以在此基础上，根据对系统品质指标的要求，设计控制器的结构形式，利用参数优化的方法确定系统校正装置的参数。

（2）状态空间法。状态空间法属现代控制理论范畴，主要适用于多输入/多输出系统。利用 MATLAB 进行控制系统设计的主要内容有系统的稳定性、能控性和能观性的判断、能控性和能观性子系统的分解、状态反馈与状态观测器的设计、闭环系统的极点配置、线性二次型最优控制规律与卡尔曼滤波器的设计。

1. 应用举例

下面通过举例简要说明 MATLAB 强大的控制系统分析和计算功能。

【例 1-7】 已知连续系统传递函数 $G(s) = \dfrac{2s+1}{s^3+3s^2+2s+1}$，试分析系统性能。

（1）采用编程描述的方式在 MATLAB 中输入系统的传递函数。

```
>> num=[2 1];
>> den=[1 3 2 1];
>> sys=tf(num, den)
sys=

       2 s + 1
    ———————————————
    s^3 + 3 s^2 + 2 s + 1
Continuous - time transfer function.
```

分析系统性能，包括分析系统极点、阶跃响应、系统的根轨迹、波特图和 Nyquist 图等。分别运行以下命令即可。

```
roots(den);      %求解传递函数分母多项式的根，即系统极点
step(sys);       %求解系统阶跃函数响应
rlocus(sys);     %绘制系统的根轨迹
bode(sys);       %绘制系统的幅频/相频特性波特图
nyquist(sys);    %绘制系统的奈奎斯特曲线
```

（2）采用 Simulink 搭建系统模型。图 1-17 所示为搭建的系统模型，运行模型后，通过双击 Scope 图标，可以显示系统的阶跃响应曲线。

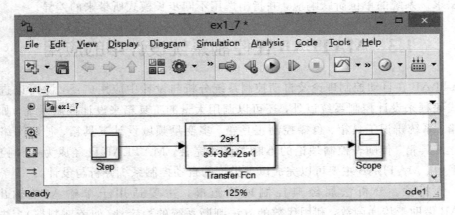

图 1-17　例 1-7 系统仿真模型

（3）使用单输入/单输出系统设计工具（SISO Design Tool）。SISO Design Tool 设计器

是控制系统工具箱所提供的一个非常强大的单输入/单输出线性系统设计器，它为用户提供了非常友好的图形界面。在 SISO 设计器中，用户可以使用根轨迹法与 Bode 图法，通过修改线性系统零点、极点以及增益等传统设计方法进行 SISO 线性系统设计。

在命令窗口输入 sisotool 命令，即可进入 SISO Design Tool 主窗口。在窗口中，通过设置传递函数的形式，可以直接观测根轨迹、Bode 图、Nyquist 图、阶跃响应曲线等，这里不再一一赘述。

2. 课外实验

【实验 1 - 10】　已知某单位负反馈系统的开环传递函数为 $G_0(s) = \dfrac{16}{s(s+4)}$，试搭建 Simulink 模型并进行闭环系统的阶跃响应仿真，计算阶跃响应性能指标。

第 2 章　　控制系统的数学模型

2.1　线性系统数学模型

在控制系统的分析和设计中，首先要建立系统的数学模型。控制系统的数学模型是描述系统内部物理量（或变量）之间关系的数学表达式。在静态条件下（即变量各阶导数为零），描述变量之间关系的代数方程叫静态数学模型；而描述变量各阶导数之间关系的微分方程叫动态数学模型。如果已知输入量及变量的初始条件，对微分方程求解，就可以得到系统输出量的表达式，由此可对系统进行性能分析。因此，建立控制系统的数学模型是分析和设计控制系统的首要工作。

建立控制系统数学模型的方法有分析法和实验法两种。分析法是对系统各部分的运动机理进行分析，根据它们所依据的物理规律或化学规律分别列出相应的运动方程。例如，电学中有基尔霍夫定律，力学中有牛顿定律，热力学中有热力学定律等。实验法是人为地给系统施加某种测试信号，记录其输出响应，并用适当的数学模型去逼近，这种方法称为系统辨识。

在自动控制理论中，数学模型有多种形式。时域中常用的数学模型有微分方程、差分方程和状态方程；复数域中有传递函数、结构图；频域中有频率特性等。

2.1.1　线性系统的微分方程

建立控制系统的微分方程时，一般根据元件的工作原理及其在控制系统中的作用，确定其输入量和输出量；然后，分析系统物理或者化学规律，并列写相应的微分方程；最后，消去中间变量得到描述系统输出量与输入量之间关系的微分方程，即数学模型。

一般情况下，应将微分方程写成标准形式，即与输入量有关的项写在方程的右端，与输出量有关的项写在方程的左端，方程两端变量的导数项均按降幂形式排列。

$$a_0 c^{(n)}(t) + a_1 c^{(n-1)}(t) + \cdots + a_{n-1} \dot{c}(t) + a_n c(t)$$
$$= b_0 r^{(m)}(t) + b_1 r^{(m-1)}(t) + \cdots + b_{m-1} \dot{r}(t) + b_m r(t) \quad (n \geqslant m)$$

式中，$c(t)$ 是系统输出量，$r(t)$ 是系统输入量。

2.1.2　传递函数

控制系统的微分方程是在时间域描述系统动态性能的数学模型，在给定外作用及初始条件下，求解微分方程可以得到系统的输出响应。但是如果系统的机构改变或某个参数变化时，需要重新列写并求解微分方程，不便于对系统进行分析与设计。

利用拉氏变换把以线性微分方程式描述系统动态性能的数学模型，转换为在复数域的数学模型——传递函数。传递函数不仅可以表征系统的动态性能，而且可以用来研究系统的结构或参数变化对系统性能的影响。经典控制理论中广泛应用的频率法和根轨迹法，就是以传递函数为基础建立起来的。

1. 定义

线性定常系统的传递函数，定义为零初始条件下系统输出量的拉氏变换与输入量的拉氏变换之比。传递函数一般表达式为

$$G(s) \overset{\Delta}{=} \frac{C(s)}{R(s)} = \frac{b_0 s^m + b_1 s^{m-1} + \cdots + b_{m-1} s + b_m}{a_0 s^n + a_1 s^{n-1} + \cdots + a_{n-1} s + a_n}$$

传递函数是复变量 s 的有理真分式函数，具有复变函数的所有性质。$m \leqslant n$ 且所有系数均为实数。传递函数是系统或元件数学模型的另一种形式，是一种用系统参数表示输出量与输入量之间关系的表达式。它只取决于系统或元件的结构和参数，而与输入量的形式无关，也不反映系统内部的任何信息。传递函数与微分方程有相通性，只要把系统或元件的微分方程中各阶导数用相应阶次的变量 s 代替，就很容易求得系统或元件的传递函数。传递函数 $G(s)$ 的拉氏反变换是系统的单位脉冲响应 $g(t)$。

2. 典型环节

自动控制系统是由若干典型环节组合而成的，典型环节分为最小相位环节和非最小相位环节两大类。典型的最小相位环节主要有比例环节、惯性环节、积分环节、微分环节、一阶微分环节、延迟环节、振荡环节和二阶微分环节，一般表达式如下：

比例环节：$K(K > 0)$；

惯性环节：$\dfrac{1}{Ts+1}$ $(T > 0)$；

积分环节：$\dfrac{1}{s}$；

微分环节：s；

一阶微分环节：$Ts + 1$ $(T > 0)$；

延迟环节：$G(s) = e^{-\tau s}$；

振荡环节：$\dfrac{1}{s^2/\omega_n^2 + 2\xi s/\omega_n + 1}$ $(\omega_n > 0, 0 \leqslant \xi < 1)$；

二阶微分环节：$s^2/\omega_n^2 + 2\xi s/\omega_n + 1$ $(\omega_n > 0, 0 \leqslant \xi < 1)$。

2.2 实 验 项 目

2.2.1 利用 MATLAB 建立系统的数学模型及模型转换与连接

实验目的

（1）学习建立控制系统数学模型的方法。

（2）掌握使用 MATLAB 建立控制系统数学模型的方法。

（3）熟悉使用 MATLAB 进行模型转换与连接。

预习要求

(1) 了解本实验项目相关实验原理；

(2) 按照"实验内容"完成实验。

实验原理

1. 控制系统建模

系统的传递函数模型是系统的外部模型，系统的状态空间模型是系统的内部模型。按照数学模型的表达结构形式不同，传递函数模型又可细分为多项式模型、零极点增益模型和部分分式模型。这些模型之间都存在着内在联系，可以相互转换。

(1) 传递函数多项式模型（tf 函数）。单输入/单输出 n 阶线性定常系统的多项式模型为

$$G(s) = \frac{C(s)}{R(s)} = \frac{b_0 s^m + b_1 s^{m-1} + \cdots + b_{m-1} s + b_m}{a_0 s^n + a_1 s^{n-1} + \cdots + a_{n-1} s + a_n}$$

对于线性定常系统，式中 s 的系数均为常数，且 a_0 不等于零。在 MATLAB 中有两种方法可以生成系统模型。

方法 1：可以方便地由分子和分母系数按 s 的降幂排列构成的两个向量唯一地确定出来，这两个向量分别用 $\text{num} = [b_0, b_1, \cdots, b_m]$ 和 $\text{den} = [a_0, a_1, \cdots, a_m]$ 表示。命令格式：

num=[b₀,b₁,···,bₘ]; den=[a₀, a₁, ···, aₘ]; sys=tf(num, den); printsys(num, den)

tf( )表示建立控制系统的传递函数数学模型；printsys(num,den)表示输出系统的数学模型。

方法 2：用 $s = \text{tf}('s')$ 生成以 s 为变量的传递函数，命令格式为

s=tf('s');

sys=bₘ * s^m+bₘ₋₁ * s^(m-1)+···/(aₙ * s^n+aₙ₋₁ * s^(n-1)+···);

当传递函数的分子或分母由若干个多项式乘积表示时，它可由 MATLAB 提供的多项式乘法运算函数 conv( )来处理，以获得分子和分母多项式向量，此函数的调用格式为

c=conv(a, b)

其中，a 和 b 分别为由两个多项式系数构成的向量；c 为多项式 a 和多项式 b 的乘积多项式系数向量；conv( )函数的调用允许多级嵌套。

(2) 零极点增益模型。零极点增益模型是传递函数模型的另一种表现形式，其原理是分别对原系统传递函数的分子、分母进行因式分解，以获得系统的零点和极点的表示形式。

$$G(s) = \frac{b_0 (s-z_1)(s-z_2)\cdots(s-z_m)}{a_0 (s-p_1)(s-p_2)\cdots(s-p_n)} = K^* \cdot \frac{\prod_{i=1}^{m} (s-z_i)}{\prod_{j=1}^{n} (s-p_j)}$$

式中：K^* 为系统增益；$z_i (i=1, 2, \cdots, m)$ 为传递函数的零点；$p_j (j=1, 2, \cdots, n)$ 为传递函数的极点。

在 MATLAB 中，零极点增益模型用 $[z, p, K]$ 矢量组表示，命令格式为

$$z=[z1, z2, \cdots, zm]; \quad p=[p1, p2, \cdots, pn]; \quad k=[K]; \quad sys=zpk(z, p, k)$$

（3）部分分式模型。传递函数也可表示成部分分式或留数形式，即

$$G(s) = \sum_{i=1}^{n} \frac{r_i}{s-p_i} + h(s)$$

式中：$p_i(i=1, 2, \cdots, n)$为该系统的 n 个极点，与零极点形式的 n 个极点是一致的，$r(i=1, 2, \cdots, n)$是对应各极点的留数；$h(s)$ 则表示传递函数分子多项式除以分母多项式的余式，若分子多项式阶次与分母多项式相等，$h(s)$ 为标量，若分子多项式阶次小于分母多项式，该项不存在。

在 MATLAB 中，该系统可由系统的极点、留数和余式系数所构成的向量唯一地确定，命令格式为

$$r=[r_1, r_2, \cdots, r_n]; \quad p=[p_1, p_2, \cdots, p_n]; \quad h=[h_0, h_1, \cdots, h_{(m-n)}]$$

2. 模型转换

在一些场合下需要用到某种模型，而在另外一些场合下可能需要另外的模型，这就需要进行模型的转换，MATLAB 控制工具箱中提供了控制系统模型转换函数，包括：

[num, den]＝residue(r, p, h)：部分分式模型转换为传递函数模型。

[r, p, h]＝residue(num, den)：传递函数模型转换为部分分式模型。

[num, den]＝ss2tf(a, b, c, d, iu)：状态空间模型转换为传递函数模型，其中 iu 为输入变量数。

[z, p, k]＝ss2zp(a, b, c, d, iu)：状态空间模型转换为零极点增益模型。

[A, B, C, D]＝tf2ss(num,den)：传递函数模型转换为状态空间模型。

[z, p, k]＝tf2zp(num, den)：传递函数模型转换为零极点增益模型。

[A, B, C, D]＝zp2ss(z, p, k)：零极点增益模型转换为状态空间模型。

[num, den]＝zp2tf(z, p, k)：零极点增益模型转换为传递函数模型。

3. 模型连接

一个控制系统由多个子系统连接而成，模型连接的基本方式包括并联、串联和反馈。在 MATLAB 中，单位反馈连接也叫闭环。

1）并联（parallel）

系统并联连接的结构图如图 2-1 所示，其中 $sys1=\dfrac{num1}{den1}$，$sys2=\dfrac{num2}{den2}$。

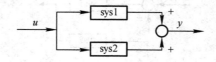

图 2-1　并联连接

可使用 parallel( )函数得到并联系统的数学模型，其调用格式为

sys＝parallel (sys1, sys2)

%返回并联后的系统模型

[a, b, c, d]＝parallel(a1, b1, c1, d1, a2, b2, c2, d2)

%并联连接两个状态空间系统

[a，b，c，d]＝parallel(a1，b1，c1，d1，a2，b2，c2，d2，inp1，inp2，out1，out2)

%inp1 和 inp2 分别指定两系统中要连接在一起的输入端编号，输入信号 $u1$，$u2$，…，un 依次编号为 1，2，…，n；out1 和 out2 分别指定要作相加的输出端编号，编号方式与输入类似。inp1 和 inp2 既可以是标量也可以是向量。out1 和 out2 用法与之相同。如 inp1＝1，inp2＝3 表示系统 1 的第 1 个输入端与系统 2 的第 3 个输入端相连接。若 inp1＝[1 3]，inp2＝[2 1]则表示系统 1 的第 1 个输入端与系统 2 的第 2 个输入端连接，以及系统 1 的第 3 个输入端与系统 2 的第 1 个输入端连接

[num，den]＝parallel(num1，den1，num2，den2)

%将并联连接的传递函数进行相加

2) 串联(series)

系统串联连接的结构图如图 2-2 所示，其中 $sys1＝\dfrac{num1}{den1}$，$sys2＝\dfrac{num2}{den2}$。

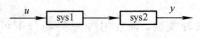

图 2-2　串联连接

可使用 series( )函数得到串联系统的数学模型，其调用格式为

sys＝series(sys1，sys2)

%返回系统串联后的模型

[a，b，c，d]＝series(a1，b1，c1，d1，a2，b2，c2，d2)

%串联连接两个状态空间系统

[a，b，c，d]＝series(a1，b1，c1，d1，a2，b2，c2，d2，out1，in2)

%out1 和 in2 分别指定系统 1 的部分输出和系统 2 的部分输入进行连接

[num，den]＝series(num1,den1,num2,den2)

%将串联连接的传递函数进行相乘

注意：parallel 和 series 函数只能实现两个模型的串联和并联，如果串联和并联的模型多于两个，则需多次使用这两个函数。

3) 反馈(feedback)

系统反馈连接的结构图如图 2-3 所示，其中 $sys1＝\dfrac{num1}{den1}$，$sys2＝\dfrac{num2}{den2}$。

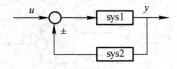

图 2-3　反馈连接

可使用 feedback( )函数得到反馈系统的数学模型，其调用格式为

sys＝feedback(sys1，sys2)

%返回系统反馈模型

[a，b，c，d]＝feedback(a1，b1，c1，d1，a2，b2，c2，d2)

%将两个系统按反馈方式连接，一般而言，系统 1 为对象，系统 2 为反馈控制器

[a，b，c，d]＝feedback(a1，b1，c1，d1，a2，b2，c2，d2，sign)

%系统 1 的所有输出连接到系统 2 的输入，系统 2 的所有输出连接到系统 1 输入，sign 用来指示系统 2 输出到系统 1 输入的连接符号，sign 缺省时，默认为负，即 sign＝－1。总系统的输入/输出数等同于系统 1

[a，b，c，d]＝feedback(a1，b1，c1，d1，a2，b2，c2，d2，inp1，out1)

%部分反馈连接，将系统 1 的指定输出 out1 连接到系统 2 的输入，系统 2 的输出连接到系统 1 的指定输入 inp1，以此构成闭环系统

[num，den]＝feedback(num1，den1，num2，den2，sign)

%可以得到类似的连接，只是子系统和闭环系统均以传递函数的形式表示。sign 的含义与前述相同

4）闭环(cloop)

闭环命令格式为

[ac，bc，cc，dc]＝cloop(a，b，c，d，sign)

%通过将所有的输出反馈到输入，从而产生闭环系统的状态空间模型。当 sign＝1 时，采用正反馈；当 sign＝－1 时，采用负反馈；sign 缺省时，默认为负反馈

[ac，bc，cc，dc]＝cloop(a，b，c，d，outputs，inputs)

%表示将指定的输出 outputs 反馈到指定的输入 inputs，以此构成闭环系统的状态空间模型。一般为正反馈，形成负反馈时应在 inputs 中采用负值

[numc，denc]＝cloop(num，den，sign)

%由传递函数表示的开环系统构成闭环系统，sign 意义与上述相同

实验内容与步骤

1. 实验内容

1）控制系统建模

【**实验 2-1**】　已知 SISO 系统的传递函数为 $G(s)=\dfrac{s^2+5s+3}{s^3+2s^2+3s+4}$，建立该系统的传递函数模型。

```
num =[0 1 5 3];        %分子多项式向量
den =[1 2 3 4];        %分母多项式向量
sys= tf(num,den);      %构造传递函数
printsys(num,den)      %显示传递函数
```

运行结果为

num/den＝

　　　　s~2 ＋ 5 s ＋ 3

　　　－－－－－－－－－－

　　s~3 ＋ 2 s~2 ＋ 3 s ＋ 4

【**实验 2-2**】　已知系统的传递函数为 $G(s)=\dfrac{4(s+2)(s^2+6s+6)^2}{s(s+1)^3(s^3+3s^2+2s+5)}$，建立系统的传递函数模型。

```
num＝4 * conv([1, 2], conv([1, 6, 6], [1, 6, 6]));
den＝conv([1, 0], conv([1,1], conv([1, 1], conv([1, 1], [1, 3, 2, 5])))));
sys＝tf(num,den)
```

运行结果为

```
sys ＝

 4 s^5 ＋ 56 s^4 ＋ 288 s^3 ＋ 672 s^2 ＋ 720 s ＋ 288
――――――――――――――――――――――――
s^7 ＋ 6 s^6 ＋ 14 s^5 ＋ 21 s^4 ＋ 24 s^3 ＋ 17 s^2 ＋ 5 s
```

【实验 2-3】 已知系统的传递函数为 $G(s)=\dfrac{s(s+6)(s+5)}{(s+1)(s+2)(s+3+4j)(s+3-4j)}$，建立系统的零极点增益模型。

```
z＝[0, −6, −5];              %系统零点向量
p＝[−1, −2, −3+4i, −3−4i];   %系统极点向量
k＝1;                        %系统增益
sys＝zpk(z, p, k)            %构造系统的零极点模型
```

运行结果为

```
sys＝

       s (s＋6) (s＋5)
――――――――――――――
(s＋1) (s＋2) (s^2 ＋ 6s ＋ 25)
```

2）模型转换

【实验 2-4】 已知系统的传递函数为 $G(s)=\dfrac{2s^3+9s+1}{s^3+s^2+4s+4}$，求系统的部分分式模型。

```
num＝[2, 0, 9, 1];
den＝[1, 1, 4, 4];
[r, p, k]＝residue(num, den)
```

运行结果为

```
r＝

   0.0000 − 0.2500i
   0.0000 ＋ 0.2500i
  −2.0000 ＋ 0.0000i


p＝

  −0.0000 ＋ 2.0000i
  −0.0000 − 2.0000i
  −1.0000 ＋ 0.0000i

k＝

   2
```

转化为部分分式展开式为

$$G(s)=2+\frac{-0.25i}{s-2i}+\frac{0.25i}{s+2i}+\frac{-2}{s+1}$$

【实验 2-5】　已知系统的零极点增益模型为 $G(s)=\dfrac{6(s+3)}{(s+1)(s+2)(s+5)}$，将其转换为传递函数模型。

```
z=[-3];
p=[-1, -2, -5];
k=6;
[num, den]=zp2tf(z, p, k);
printsys(num,den)
```

运行结果为

num/den =

```
      6 s + 18
    ――――――――――――――――
    s^3 + 8 s^2 + 17 s + 10
```

【实验 2-6】　已知系统的传递函数为 $G(s)=\dfrac{10}{s^3+4s^2+9s+4}$，将其转换成零极点增益模型。

```
num=[10];
den=[1 4 9 4];
[z, p, k]=tf2zp(num, den);
sys=zpk(z,p,k)
```

运行结果为

sys =

```
              10
    ――――――――――――――――――――――
    (s+0.5671) (s^2 + 3.433s + 7.053)
```

3）模型连接

【实验 2-7】　已知 3 个 SISO 系统的传递函数为 $G_1(s)=\dfrac{2}{s+1}$，$G_2(s)=\dfrac{5}{s+3}$，$G_1(s)=\dfrac{3}{s+5}$，分别求出 3 个系统串联和并联后的等效传递函数。

```
num1= [2];
den1= [1 1];
sys1=tf (num1, den1);
num2= [5];
den2= [1 3];
sys2= tf (num2, den2);
num3= [3];
den3= [1 5];
sys3= tf (num3, den3);
G1= series (sys1, sys2);
```

G＝series（G1，sys3）；

G2＝parallel（sys1，sys2）；

G3＝parallel（G1，sys3）；

串联后的结果为

G＝

　　　　30

－－－－－－－－－－－

s^3 ＋ 9 s^2 ＋ 23 s ＋ 15

并联后的结果为

G3 ＝

　3 s^2 ＋ 22 s ＋ 59

－－－－－－－－－－－

s^3 ＋ 9 s^2 ＋ 23 s ＋ 15

2．实验步骤

（1）打开 MATLAB，选择"New"→"Script"可建立脚本文件。也可以在命令行窗口直接输入命令，观看运算结果，命令行窗口直接反映运算信息（注意：在 MATLAB 中新建文件后，文件的保存目录要与运行目录一致，文件名应可读性强）。

（2）对照"实验原理"，完成"实验内容"，练习系统建模、模型转换和模型连接的方法。

实验思考题

（1）已知线性定常系统的传递函数为 $G(s)=\dfrac{3s^3+16s^2+7s-8}{6s^5+4s^4+2s^2+3s}$，试用 MATLAB 建立该系统的传递函数模型。

（2）已知两输入/两输出系统的传递函数为 $G(s)=\begin{bmatrix}\dfrac{3}{2s+1} & \dfrac{2s}{s^2+2s+1}\\[3mm]\dfrac{s+9}{3s^2+2s+8} & \dfrac{s^2+2s+10}{s^3+3s^2+10}\end{bmatrix}$，试用 MATLAB 建立系统的传递函数模型。

（3）已知系统的传递函数为 $G(s)=\dfrac{2(s+3)(s^2+6s+6)}{s(s+1)^2(s^3+3s^2+2s+5)}$，试用 MATLAB 建立系统的传递函数模型。

（4）已知系统的开环传递函数为 $G(s)=\dfrac{10(0.2s+1)}{s(0.1s+1)(0.5s+1)}$，用 MATLAB 求该系统构成的单位负反馈系统的传递函数。

实验报告要求

（1）明确实验目的，简写实验原理；

（2）完成"实验思考题"的内容，并将实验思考题的题目、程序及注释、运行结果写到实验报告里；

（3）将实验过程中遇到的问题及解决方法也写到实验报告里。

2.2.2　典型环节的模拟响应

实验目的

（1）掌握用运算放大器构成各典型环节模拟电路的方法。

（2）熟悉各种典型环节理想阶跃响应曲线和实际阶跃响应曲线，对比差异并分析原因。

（3）通过实验熟悉各典型环节的传递函数，了解参数变化对典型环节动态特性的影响。

预习要求

（1）预习各个典型环节的传递函数、单位阶跃响应、模拟电路，并根据实验箱实际情况，选择合适的电容、电阻值构造典型环节的模拟电路；

（2）绘制典型环节的理想单位阶跃响应曲线，计算增益和时间常数的理论值。

实验原理

利用运算放大器不同的输入 RC 网络和反馈 RC 网络来模拟各典型环节，按照给定系统的结构图将模拟环节连接起来，可以得到相应的模拟系统。再将输入信号加到模拟系统的输入端，利用示波器测量系统的输出，则可得到系统的动态响应曲线及性能指标。通过改变系统参数，可以研究参数变化对系统性能的影响。下面列出比例环节、积分环节、微分环节、惯性环节、比例积分环节和振荡环节的方框图、传递函数、单位阶跃响应和模拟电路图。

1）比例环节

（1）比例环节方框图如图 2-4 所示。

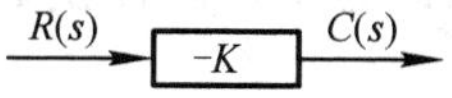

$$R(s) \longrightarrow \boxed{-K} \longrightarrow C(s)$$

图 2-4　比例环节方框图

（2）传递函数为 $\dfrac{C(s)}{R(s)} = -\dfrac{R_2}{R_1} = -K$。

（3）单位阶跃响应为 $c(t) = -K$。

（4）比例环节模拟电路图如图 2-5 所示。

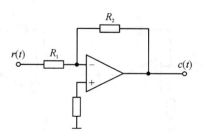

图 2-5　比例环节模拟电路图

2）积分环节

（1）积分环节方框图如图 2-6 所示。

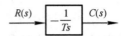

$$R(s) \rightarrow \boxed{-\frac{1}{Ts}} \rightarrow C(s)$$

图 2-6　积分环节方框图

（2）传递函数为 $\dfrac{C(s)}{R(s)} = -\dfrac{1}{Ts}$，其中 $T=RC$。

（3）单位阶跃响应为 $c(t) = -\dfrac{1}{T}t$，其中 $T=RC$。

（4）积分环节模拟电路图如图 2-7 所示。

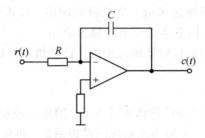

图 2-7　积分环节模拟电路图

3）微分环节

（1）理想微分环节。输出量与输入量的导数成正比的环节，称为微分环节，其微分方程为 $c(t) = T\dfrac{\mathrm{d}r(t)}{\mathrm{d}t}$，$T$ 为微分时间常数。经过拉氏变换，得到微分环节的传递函数为 $\dfrac{C(s)}{R(s)} = Ts$。单位阶跃响应为 $c(t) = \sigma(t)$，$\sigma(t)$ 为单位脉冲函数。单位脉冲函数在实际中是无法得到的。

（2）实际微分环节。实际中，微分环节总是含有惯性的。实际微分环节的微分方程为 $T\dfrac{\mathrm{d}c(t)}{\mathrm{d}t} + c(t) = T\dfrac{\mathrm{d}r(t)}{\mathrm{d}t}$。传递函数为 $\dfrac{C(s)}{R(s)} = \dfrac{Ts}{1+Ts}$，单位阶跃响应为 $c(t) = \mathrm{e}^{-\frac{t}{T}}$。

比例微分环节的传递函数为 $\dfrac{C(s)}{R(s)} = K\dfrac{Ts}{1+Ts}$，其中 $T=R_1C$，$K=-\dfrac{R_2}{R_1}$。单位阶跃响应为 $c(t) = K\mathrm{e}^{-\frac{t}{T}}$。比例微分环节模拟电路图如图 2-8 所示。

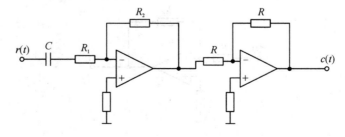

图 2-8　比例微分环节模拟电路图

（3）一阶比例微分环节。一阶比例微分环节方框图如图 2-9 所示。

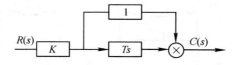

图 2-9　一阶比例微分环节方框图

传递函数为 $\dfrac{C(s)}{R(s)}=K(1+Ts)$。单位阶跃响应为 $c(t)=KT\sigma(t)+K$，$\sigma(t)$ 为单位脉冲函数，在实际中无法得到。图 2-10 所示为一阶比例微分环节模拟电路图，输出信号与输入信号之间的传递函数为

$$\frac{C(s)}{R(s)}=\frac{R_1+R_2}{R_0}\left(1+\frac{R_1R_2}{R_1+R_2}\cdot\frac{Cs}{R_3Cs+1}\right)=K\frac{1+Ts}{1+\tau s}$$

其中，$K=\dfrac{R_1+R_2}{R_0}$，$T=\left(\dfrac{R_1R_2}{R_1+R_2}+R_3\right)C$，$\tau=R_3C$。

当 $R_3\ll R_1$ 和 R_2 时，传递函数可近似为

$$\frac{C(s)}{R(s)}\approx\frac{R_1+R_2}{R_0}\left(1+\frac{R_1R_2}{R_1+R_2}Cs\right)=K(1+Ts)$$

其中，$K=\dfrac{R_1+R_2}{R_0}$，$T=\dfrac{R_1R_2}{R_1+R_2}C$。

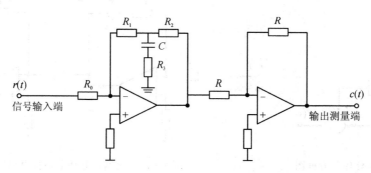

图 2-10　一阶比例微分环节模拟电路图

4）惯性环节

（1）惯性环节方框图如图 2-11 所示。

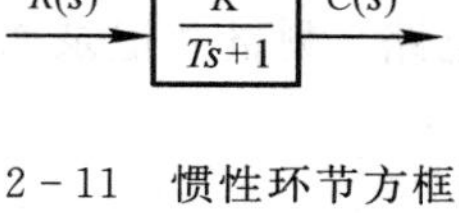

$$R(s)\ \boxed{\dfrac{K}{Ts+1}}\ C(s)$$

图 2-11　惯性环节方框图

（2）传递函数为 $\dfrac{C(s)}{R(s)}=\dfrac{K}{1+Ts}$，其中 $T=R_1C$，$K=\dfrac{R_1}{R_0}$。

（3）单位阶跃响应为 $c(t)=K\left(1-\mathrm{e}^{\frac{-t}{T}}\right)$。

（4）惯性环节模拟电路图如图 2-12 所示。

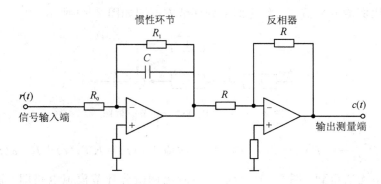

图 2-12　惯性环节模拟电路图

5) 比例积分环节

(1) 比例积分环节方框图如图 2-13 所示。

(2) 传递函数为 $\dfrac{C(s)}{R(s)} = K + \dfrac{1}{Ts}$，其中 $T = R_0 C$，$K = \dfrac{R_1}{R_0}$。

(3) 单位阶跃响应为 $c(t) = K + \dfrac{1}{T}t$。

(4) 比例积分环节模拟电路图如图 2-14 所示。

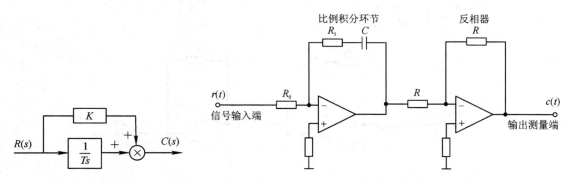

图 2-13　比例积分环节方框图　　　　　图 2-14　比例积分环节模拟电路图

6) 振荡环节

振荡环节也称为二阶环节，传递函数为

$$G(s) = \frac{C(s)}{R(s)} = \frac{1}{T^2 s^2 + 2T\xi s + 1} = \frac{\omega_n^2}{s^2 + 2\xi\omega_n s + \omega_n^2}$$

根据传递函数，自行设计模拟电路，测量并记录 $\xi = \sqrt{2}/2$ 时的阶跃响应曲线。

{实验内容与步骤}

(1) 针对西安唐都科教仪器公司的 TD-ACS 自动控制原理实验箱，实验步骤如下：

① 将信号源单元的"ST"端插针与"S"端插针用"短路块"短接。在信号源单元，将开关分别设在"方波"挡和"200 ms"挡，调节调幅和调频旋钮，使得信号源单元的"OUT"端输出幅值为 1 V、周期为 10 s 左右的方波，用该方波模拟单位阶跃输入。

② 选择合适的电阻和电容值，按照各个典型环节的模拟电路图接线，检查无误后方可开启实验箱电源。

③ 将步骤①中的方波信号加至典型环节模拟电路的信号输入端，用实验箱上示波器的"CH1"和"CH2"表笔分别测量模拟电路的输入端和输出端，观测输出端的响应曲线，记录实验波形及结果。

④ 观测各个典型环节在单位阶跃信号输入下的响应曲线，分别记录实验波形，测量幅值、时间常数 T 等参数。

（2）针对其他型号的自动控制原理实验箱，修改操作步骤如下（在进行本书中其他模拟电路实验时，均可参考以下两点）：

① 若实验箱未自带信号源单元，则可使用信号发生器产生单位阶跃信号，并输入到模拟电路的信号输入端。

② 若实验箱未自带虚拟示波器模块，则可用其他示波器测量模拟电路输入信号与输出信号波形，记录实验波形和数据。

（3）数据处理与结果分析。实验过程中，不仅需要记录典型环节的阶跃响应曲线于表 2 - 1 中，而且需要测定时间常数、增益等参数并记录在表 2 - 2 中。

表 2 - 1　典型环节的阶跃响应曲线

典型环节	电阻/电容参数取值	单位阶跃响应曲线
比例环节	$R_1 = 100\ \text{k}\Omega,\ R_2 = 200\ \text{k}\Omega$	
积分环节		
比例积分环节		
比例微分环节		
一阶比例微分环节		

典型环节	电阻/电容参数取值	单位阶跃响应曲线
惯性环节		
振荡环节		

表 2-2　典型环节的阶跃响应参数测定

典型环节	电阻/电容参数取值	理论值		测量值	
		K	时间常数 T	K	时间常数 T
比例环节	$R_1 = 100\ \text{k}\Omega,\ R_2 = 200\ \text{k}\Omega$	2	—		—
	$R_1 = 100\ \text{k}\Omega,\ R_2 = 100\ \text{k}\Omega$	1	—		—
积分环节		—			
		—			
比例积分环节					
比例微分环节				—	
				—	
一阶比例微分环节					
惯性环节		—			
		—		—	

┏━━━━━━━┓
┃ **实验思考题** ┃
┗━━━━━━━┛

（1）各个典型环节的传递函数是由运算放大器组成的模拟电路在什么假设条件下推导出的？

（2）惯性环节在什么情况下可近似为比例环节？在什么情况下可近似为积分环节？

（3）如何根据阶跃响应曲线，测定比例积分环节和惯性环节的时间常数？

（4）实验过程中，需要综合考虑哪些因素来选择典型环节模拟电路的电阻和电容值？

实验报告要求

（1）画出各典型环节的模拟电路，并标明电路参数。

（2）记录各典型环节的单位阶跃响应波形，注明坐标轴，测量并记录增益 K 和时间常数 T，写出各环节的传递函数。

（3）完成表 2－1 和表 2－2 并简要分析实验结果，完成"实验思考题"的内容。

第 3 章　控制系统的时域分析

3.1　线性系统的时域分析

在确定系统的数学模型后，便可以用几种不同的方法去分析控制系统的动态性能和稳态性能。在经典控制理论中，常用时域分析法、根轨迹法或频域分析法来分析线性控制系统的性能。显然，不同的方法有不同的特点和适用范围，但是比较而言，时域分析法是一种直接在时间域中对系统进行分析的方法，具有直观、准确的优点，并且可以提供系统时间响应的全部信息。时域分析是通过直接求解系统在典型输入信号作用下的时域响应来分析系统性能的，通常以系统在典型输入信号作用下的超调量、调节时间、峰值时间和稳态误差等时域性能指标来评价系统性能。

1. 典型输入信号

1）典型输入信号定义

控制系统性能的评价分为动态性能指标和稳态性能指标两类。为了求解系统的时间响应，必须了解输入信号（即外作用）的解析表达式。然而，在一般情况下，控制系统的外加输入信号具有随机性而无法预先确定，因此需要选择若干典型输入信号。所谓典型输入信号，是指根据系统经常遇到的输入信号形式，在数学描述上加以理想化的一些基本输入函数。控制系统中常用的典型输入信号有单位阶跃函数、单位斜坡函数、单位加速度函数、单位脉冲函数及正弦函数。

实际应用时根据系统常见的工作状态确定选择哪一种典型输入信号，同时，在有可能的输入信号中，往往选取最不利的信号作为系统的典型输入信号。系统以单位阶跃函数作为典型输入作用，则可在一个统一的基础上对各种控制系统的特性进行比较和研究。

2）典型输入信号生成

在 MATLAB 中可以利用 gensig 函数产生输入信号。gensig 函数可以用于产生周期为 T_a 的正弦、方波、脉冲序列输入信号，调用格式为

　　　　[u, t] = gensig(type, Ta);
　　　　[u, t] = gensig(type, Ta, Tf, Ts);

该函数产生一个类型为 type 的信号序列 $u(t)$，Ta 为以秒为单位的信号周期，Tf 和 Ts 分别为产生信号的时间长度和信号的采样周期。信号类型 type 为正弦信号"sin"、方波信号"square"、周期脉冲信号"pulse"。所有信号的幅值为 1。

2. 动态性能与稳态性能

1）动态过程与稳态过程

在典型输入信号作用下，任何一个控制系统的时间响应都由动态过程和稳态过程两个

部分组成。

动态过程又称过渡过程或者瞬态过程，指系统在典型输入信号作用下，系统输出量从初始状态到最终状态的响应过程。动态过程表现为衰减、发散或等幅振荡等形式。一个可以实际运行的控制系统，其动态过程必须是衰减的，换句话说，系统必须是稳定的。

稳态过程又称稳态响应，指系统在典型输入信号作用下，当时间 t 趋于无穷时，系统输出量的表现方式，表征系统输出量最终复现输入量的程度，提供系统有关稳态误差的信息，用稳态性能描述。

2）动态性能与稳态性能定义

（1）动态性能。通常认为，阶跃输入对于系统来说是最严峻的工作状态。如果系统在阶跃函数作用下的动态性能满足要求，那么系统在其他形式的函数作用下，其动态性能也是令人满意的。描述稳定的系统在单位阶跃函数作用下，动态过程对时间 t 的变化状况的指标，称为动态性能指标。对于单位阶跃响应 $c(t)$，动态性能指标通常如下：

① 延迟时间 t_d：响应曲线第一次达到其终值一半所需的时间。

② 上升时间 t_r：响应从终值10％上升到终值90％所需的时间。对于有振荡的系统，亦可定义为响应从第一次上升到终值所需的时间。上升时间是系统响应速度的一种度量，上升时间越短，响应速度越快。

③ 峰值时间 t_p：响应超过其终值到达第一个峰值所需的时间。

④ 调节时间 t_s：响应到达并保持在终值±5％或±2％内所需的时间。

⑤ 超调量 $\sigma\%$：响应的最大偏离量 $c(t_p)$ 与终值 $c(\infty)$ 之差的百分比，即

$$\sigma\% = \frac{c(t_p)-c(\infty)}{c(\infty)} \times 100\% \tag{3-1}$$

若 $c(t_p) < c(\infty)$，则响应无超调。超调量也称为最大超调量。

上述五个动态性能指标基本上可以体现系统动态过程的特征。在实际应用中，常用的动态性能指标多为上升时间、调节时间和超调量。通常，用 t_r 或 t_p 评价系统的响应速度；用 $\sigma\%$ 评价系统的阻尼程度；而 t_s 是反映系统响应振荡衰减的速度和阻尼程度的综合性能指标。应当指出，除简单的一、二阶系统外，要精确确定这些动态性能指标的解析表达式是很困难的。

（2）稳态性能。稳态误差是描述系统稳态性能的一种性能指标，通常在阶跃函数、斜坡函数或者加速度函数作用下进行测定或计算。当时间趋于无穷时，系统的输出量不等于输入量或输入量的确定函数，则系统存在稳态误差。稳态误差是系统控制精度或抗扰动能力的一种度量。

设控制系统结构如图 3-1(a)所示，当输入信号 $R(s)$ 与主反馈信号 $B(s)$ 不等时，比较装置的输出为

$$E(s) = R(s) - H(s)C(s) \tag{3-2}$$

$E(s)$ 为误差信号，简称误差（又称偏差）。

误差有两种不同的定义方法。一种是采用从系统输入端定义误差的方法，它等于系统的参考输入信号与主反馈信号之差。这种方法定义的误差在实际系统中是可以测量的，具有一定的物理意义。另一种定义误差的方法是从系统的输出端定义的，即定义系统输出量的希望值与实际值之差。这种方法定义的误差在积分型性能指标中经常使用，但在实际系

统中有时无法测量，因而一般只有数学意义。

对于图 3-1(a)所示非单位负反馈控制系统，可以转换成如图 3-1(b)所示的等效反馈系统。$E'(s)$是从系统输出端定义的非单位反馈系统的误差，$E'(s)=E(s)/H(s)$。对于单位反馈系统，输出量的希望值就是参考输入信号，因此，两种定义误差的方法是一致的。一般情况下，采用从系统输入端定义的误差 $E(s)$来进行稳态误差的计算与分析。

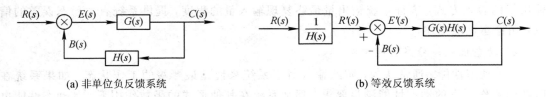

(a) 非单位负反馈系统　　　　　　　　　　　(b) 等效反馈系统

图 3-1　反馈控制系统方框图

误差传递函数为

$$\Phi_e(s)=\frac{E(s)}{R(s)}=\frac{1}{1+G(s)H(s)},\ E(s)=\frac{R(s)}{1+G(s)H(s)}$$

误差信号 $e(t)$是 $E(s)$的拉氏反变换，包含瞬态分量 $e_{ts}(t)$和稳态分量 $e_{ss}(t)$两部分。控制系统的稳态误差定义为误差信号 $e(t)$的稳态分量 $e_{ss}(\infty)$，简写为 e_{ss}。应用拉氏变换的终值定理，可求得稳态误差 e_{ss}为

$$e_{ss}=\lim_{t\to\infty}e(t)=\lim_{s\to0}sE(s)=\lim_{s\to0}\frac{sR(s)}{1+G(s)H(s)} \tag{3-3}$$

由式(3-3)可以看出，系统稳态误差与开环传递函数 $G(s)H(s)$的结构和输入信号 $R(s)$的形式相关。对于一个给定的稳定系统，当输入信号形式一定时，系统是否存在稳态误差就取决于开环传递函数描述的系统结构。

3.2　实　验　项　目

3.2.1　典型二阶系统的时域分析

实验目的

(1) 学习使用 MATLAB 进行典型二阶系统时域分析的方法。

(2) 掌握二阶系统电路模拟方法及动态性能指标测试方法。

(3) 研究二阶系统的特征参量 ξ，ω_n 对动态性能的影响。

(4) 研究三种阻尼比情况下的二阶系统的响应曲线及系统的稳定性。

预习要求

(1) 预习二阶系统的数学模型、传递函数、单位阶跃响应和动态过程等理论知识。

(2) 预习"实验内容与步骤"，了解典型二阶系统模拟电路构造方法及如何通过模拟电路改变影响二阶系统单位阶跃响应的参数。

(3) 计算表 3-1 中超调量、峰值时间和调节时间等参数的理论值。

典型二阶系统闭环传递函数为

$$G(s) = \frac{C(s)}{R(s)} = \frac{\omega_n^2}{s^2 + 2\xi\omega_n s + \omega_n^2} = \frac{1}{T^2 s^2 + 2\xi T s + 1} \qquad (3-4)$$

式中，T 为时间常数，ξ 为阻尼比，ω_n 为自然频率（或无阻尼振荡频率），$T = \dfrac{1}{\omega_n}$。

二阶系统的特征方程为

$$s^2 + 2\xi\omega_n s + \omega_n^2 = 0$$

二阶系统的特征多项式为

$$D(S) = s^2 + 2\xi\omega_n s + \omega_n^2$$

闭环极点为

$$s_{1,2} = -\xi\omega_n \pm \omega_n\sqrt{\xi^2 - 1}$$

典型二阶系统的结构框图如图 3-2 所示。

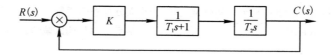

图 3-2　典型二阶系统的结构框图

　　任何一个给定的线性控制系统都可以分解为若干典型环节的组合。将每个典型环节的模拟电路图按照系统方框图连接起来，就可以得到系统的模拟电路图。典型二阶系统的模拟电路原理图如图 3-3 所示。

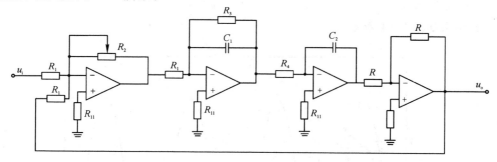

图 3-3　典型二阶系统的模拟电路原理图

由图 3-2 写出开环传递函数为 $G(s) = \dfrac{K}{(T_1 s + 1) T_2 s}$，则闭环传递函数为

$$G(s) = \frac{K}{(T_1 s + 1) T_2 s + K} = \frac{\dfrac{K}{T_1 T_2}}{s^2 + \dfrac{1}{T_1}s + \dfrac{K}{T_1 T_2}} \qquad (3-5)$$

由图 3-3 可知，比例环节增益为 $K_0 = -\dfrac{R_2}{R_1}$；惯性环节时间常数为 $T_1 = R_3 C_1$，增益为 $K_1 = -\dfrac{R_3}{R_1}$；积分环节时间常数为 $T_2 = R_4 C_2$。模拟电路的增益 $K = K_0 K_1 = \dfrac{R_2}{R_1} \cdot \dfrac{R_3}{R_1}$。

比较式(3-4)和式(3-5)可知，$\omega_n = \sqrt{\dfrac{K}{T_1 T_2}}$，$\xi = \sqrt{\dfrac{T_2}{4KT_1}}$。

实验内容与步骤

1. 用 MATLAB 分析 ξ，ω_n 对典型二阶系统动态性能的影响

(1) 分析阻尼比 $\xi = 0$，0.25，0.5，0.7，1，2 时，典型二阶系统的单位阶跃响应。

MATLAB 程序如下：

```
wn＝10;                           %保持 ωₙ＝10 rad/s 不变
zeta＝[0, 0.25, 0.5, 0.7, 1, 2];   %ξ 值矩阵，阻尼比 ξ 的取值
num＝wn * wn;                      %建立分子系数矩阵
figure(1)                         %打开图形窗口 1
hold on                           %作图保持
for i＝1:6                        %阻尼比 ξ 依次取 0～2 中的 6 个值
    den＝[1, 2 * zeta(i) * wn, wn * wn];   %建立分母系数矩阵
    step(num,den)                 %绘制系统单位阶跃响应曲线
end
hold off
grid on                          %图形网格
title('单位阶跃响应')              %图形标题
xlabel('时间')                    %x 轴标注
ylabel('振幅')                    %y 轴标注
```

运行结果如图 3-4 所示。

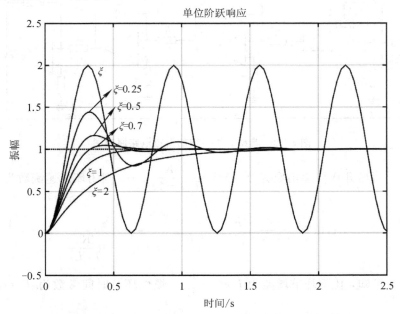

图 3-4　不同 ξ 时典型二阶系统单位阶跃响应

由图 3-4 可见，当 $\xi=0$ 时，系统响应为等幅振荡，系统临界稳定；当 $0<\xi<1$ 时，系统为衰减振荡，ω_n 一定时，随着 ξ 的增加，系统超调量减小，调节时间变短。当 $\xi\geqslant1$ 时，系统无超调。

（2）分析 ω_n 变化对典型二阶系统单位阶跃响应的影响。

MATLAB 程序如下：

```
zeta＝0.5;                        %定义 ξ＝0.5 保持不变
wn＝[10, 50];                     %ωn 值矩阵，ωn 可取的值为 10, 50
figure(2)
num1＝wn(1)^2;                    %当 ωn＝10 时，建立系统模型 G1
den1＝[1, 2 * zeta * wn(1), wn(1)^2];
G1＝tf(num1, den1);
num2＝wn(2)^2;                    %当 ωn＝50 时，建立系统模型 G2
den2＝[1, 2 * zeta * wn(2), wn(2)^2];
G2＝tf(num2, den2);
step(G1, 'r', G2, 'b')           %绘制系统 G1，G2 的单位阶跃响应曲线
title('单位阶跃响应')             %图形标题
xlabel('时间')                    %x 轴标注
ylabel('振幅')                    %y 轴标注
```

运行结果如图 3-5 所示。

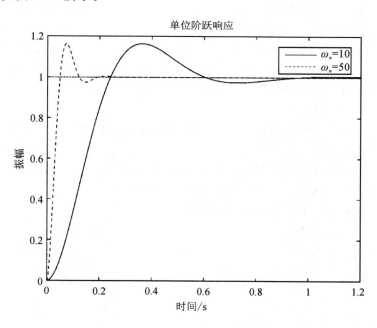

图 3-5　不同 ω_n 时二阶系统单位阶跃响应

由图 3-5 可知，对于欠阻尼系统，ξ 一定时，随着 ω_n 增大，系统调节时间缩短，响应加快，但超调量不变。

2. 计算系统参数 K 和 τ 及单位阶跃响应的特征量

设控制系统结构图如图 3-6 所示，若要求系统满足超调量 $\sigma\%=20\%$，$t_{\mathrm{p}}=1$ s，应确定系统参数 K 和 τ，并计算单位阶跃响应的特征量 t_{d}，t_{r} 和 t_{s}。

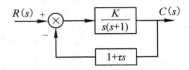

图 3-6 控制系统结构图

（1）确定系统参数 K 和 τ，有两种方法。

方法一 根据理论公式计算，MATLAB 程序如下：

```
sigema=0.2;                                    %定义超调量
tp=1;                                          %定义调节时间
zeta=log(1/sigema)/sqrt(pi^2+log(1/sigema)^2); %计算阻尼比
wn=pi/(tp*sqrt(1−zeta^2));                      %计算 ωn
K=wn^2                                         %计算参数 K
tao=(2*zeta*wn−1)/k                            %计算参数 τ
```

方法二 模拟电路实验方法求取，MATLAB 程序如下：

```
for K1=10:0.01:15                             %定义 K1 的取值范围
    for tao1=0.1:0.001:0.2                    %定义 τ 的取值范围
        num=K1;                              %建立分子系数矩阵
        den=[1, 1+K1*tao1, K1];             %建立分母系数矩阵
        Finalvalue=polyval(num,0)/polyval(den,0);  %计算系统稳态值 y(∞)
        G=tf(num, den)
        [y, t]=step(G)                      %求单位阶跃响应
        [Ymax, k]=max(y)        %求输出响应的最大值，即峰值 Ymax 和位置 k
        Peaktime=t(k);                      %求峰值时间 tp=t(k)
        Overshoot=100*(Ymax−Finalvalue)/Finalvalue;  %求超调量
        if(Overshoot>=20.001&Overshoot<=20.0015&
Peaktime>=1.001&Peaktime<=1.005)
            break;
            K=K1
            tao=tao1
        end
    end
end
```

运行结果为

```
>> K=12.4599
   tao=0.1781
```

（2）计算单位阶跃响应的特征量 t_d，t_r 和 t_s，下面提供三种方法。

方法一　根据公式计算。

```
beta＝acos(zeta)；          %计算阻尼角 β
wd＝wn * sqrt(1－zeta^2)；   %计算阻尼振荡频率
td＝(1+0.7 * zeta)/wn       %计算延迟时间
tr＝(pi－beta)/wd           %计算上升时间
ts＝3.5/(zeta * wn)         %取误差带 Δ＝0.05，计算调节时间
tsl＝4.5/(zeta * wn)        %取误差带 Δ＝0.02，计算调节时间
```

方法二　根据定义求解。

```
K＝12.4599；
tao＝0.1781；
%根据定义求解
num＝K；                    %定义分子系数矩阵
den＝[1,1+K * tao,K]；      %定义分母系数矩阵，K、tao 为步骤(1)实验运行结果
%计算稳态值
Finalvalue＝polyval(num,0)/polyval(den,0)    %利用终值定理计算系统稳态值 y(∞)
Gclose＝tf(num,den)；
[y,t]＝step(Gclose)；       %求单位阶跃响应，返回变量输出 y，时间 t
%计算延迟时间
n＝1；
while y(n)＜0.5 * Finalvalue
    n＝n+1；                %求 n，使 y(n)＝0.5y(∞)
end
DelayTime＝t(n)
%计算上升时间
n＝1；
while y(n)＜0.1 * Finalvalue
    n＝n+1；                %求 n，使 y(n)＝0.1y(∞)
end
m＝1；
while y(m)＜0.9 * Finalvalue
    m＝m+1；                %求 m，使 y(m)＝0.9y(∞)
end
RiseTime＝t(m)－t(n)        %求上升时间 t_r＝t(m)－t(n)
%计算调节时间
L＝length(t)；
while (y(L)＞0.98 * Finalvalue)&(y(L)＜1.02 * Finalvalue)
    L＝L-1；                %求 L_min，使 0.98y(∞)＜y(L)＜1.02y(∞)
end
SettingTime＝t(L)          %求调节时间 t_s＝t(L)
```

运行结果为

>>

Finalvalue=

1

DelayTime=

0.3719

RiseTime=

0.4578

SettingTime=

2.3461

方法三 直接从响应曲线中读取。

```
K=12.4599;
tao=0.1781;
s=tf('s')                        %定义传递函数表达式中的变量 s
Gclose=K/(s^2+(1+K * tao) * s+K)  %建立系统闭环传递函数
step(Gclose)                      %绘制系统单位阶跃响应曲线
```

用鼠标点击单位阶跃响应曲线中任一点，即可显示该点的对应信息，如幅值、时间等，如图 3-7 所示。

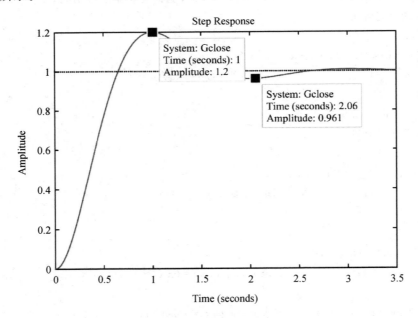

图 3-7 单位阶跃响应曲线任一点对应的信息

3. 模拟电路实验分析二阶系统的性能

控制系统的模拟电路如图 3-8 所示，计算出临界阻尼、欠阻尼和过阻尼状态时电阻 R 的理论取值范围，然后为 R 选取合适的电阻值应用于图 3-8 所示的模拟电路中，观察二阶系统的单位阶跃响应曲线，分析动态性能和稳定性。

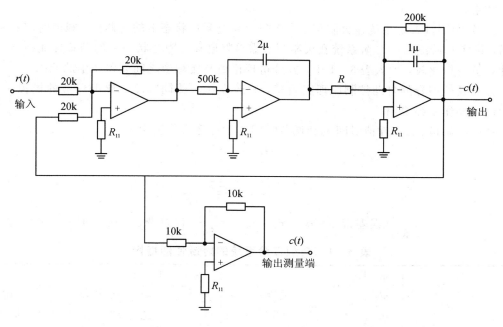

图 3-8　控制系统模拟电路图

（1）理论推导。由图 3-8 所示的模拟电路可知，控制系统的增益 $K = \dfrac{200}{R}$，惯性环节时间常数 $T_1 = 0.2$ s；积分环节时间常数 $T_2 = 1$ s。系统的闭环传递函数为

$$G(s) = \frac{\omega_n^2}{s^2 + 2\xi\omega_n s + \omega_n^2} = \frac{\dfrac{K}{T_1 T_2}}{s^2 + \dfrac{1}{T_1}s + \dfrac{K}{T_1 T_2}} = \frac{5K}{s^2 + 5s + 5K} = \frac{\dfrac{1000}{R}}{s^2 + 5s + \dfrac{1000}{R}} \tag{3-6}$$

由式（3-6）可推出：$\omega_n = 10\sqrt{\dfrac{10}{R}}$，$\xi = \dfrac{5}{2\omega_n} = \dfrac{\sqrt{10R}}{40}$。因此有

对于欠阻尼（$0 < \xi < 1$）二阶系统，$0 < R < 160$ kΩ；

对于临界阻尼（$\xi = 1$）二阶系统，$R = 160$ kΩ；

对于过阻尼（$\xi > 1$）二阶系统，$R > 160$ kΩ。

（2）实验步骤。针对西安唐都科教仪器公司的 TD-ACS 自动控制原理实验箱，实验步骤如下：

① 将信号源单元的"ST"端插针与"S"端插针用"短路块"短接。在信号源单元，将开关分别设在"方波"挡和"200 ms"挡，调节调幅和调频旋钮，使得信号源单元的"OUT"端输出幅值为 1V，周期为 10 s 左右的方波，用该方波模拟单位阶跃输入。

② 按照图 3-8 所示的模拟电路图接线，要根据实验箱实际情况和理论推导得出的电阻 R 的取值范围，选择合适的电阻 R，分别获得二阶系统在欠阻尼、临界阻尼和过阻尼状态下的单位阶跃响应曲线。检查电路接线无误后方可开启实验箱电源。

③ 将步骤①中的方波信号加至模拟电路的信号输入端，用实验箱上示波器的"CH1"和"CH2"表笔分别测量模拟电路的输入端和输出端，观测输出端的响应曲线，记录实验波

形及结果。

④ 分别测量二阶系统在欠阻尼、临界阻尼和过阻尼状态下的超调量、峰值时间和调节时间，将实验所测得的二阶系统在欠阻尼、临界阻尼和过阻尼状态下的动态性能指标与理论计算值进行比较，填入表 3-1 中，并分析理论值与实测值之间误差产生的原因。

针对其他型号的自动控制原理实验箱，修改操作步骤同"2.2.2 典型环节的模拟响应"中的修改操作步骤说明。

系统超调量 $\sigma\%$、峰值时间 t_p 和调节时间 t_s 的计算式分别为

$$\sigma\% = e^{-\pi\xi/\sqrt{1-\xi^2}} \tag{3-7}$$

$$t_p = \frac{\pi}{\omega_n\sqrt{1-\xi^2}} \tag{3-8}$$

$$t_s = \frac{3.5}{\xi\omega_n}(\text{误差带 } \Delta = 0.05 \text{ 时}) \text{ 或 } t_s = \frac{4.5}{\xi\omega_n}(\text{误差带 } \Delta = 0.02 \text{ 时}) \tag{3-9}$$

表 3-1　典型二阶系统的时域性能指标

参　　数		阻尼比 ξ	K	ω_n	实测 $c(t_p)$	实测 $c(\infty)$	$\sigma\%$		t_p		t_s		响应情况
							理论值	实测值	理论值	实测值	理论值	实测值	
$T_1 = 0.2$ s $T_2 = 1$ s	$R = 10$ kΩ												
$T_1 = 0.2$ s $T_2 = 1$ s	$R = 100$ kΩ												
$T_1 = 0.2$ s $T_2 = 1$ s	$R = 160$ kΩ												
$T_1 = 0.2$ s $T_2 = 1$ s	$R = 200$ kΩ												

（3）分析系统在欠阻尼、临界阻尼和过阻尼情况下的动态性能和稳定性，分析并总结阻尼比 ξ 改变对系统阶跃响应的影响。

实验思考题

（1）模拟电路设计过程中，如何让系统实现负反馈？

（2）输入阶跃信号的幅值范围如何考虑，若幅值过大，会出现什么影响？

（3）实验中，若想研究 ω_n 改变对系统阶跃响应的影响，应该如何做？请具体指出如何修改图 3-8 所示模拟电路的参数，并选择合适的参数进行实验，对实验结果进行分析。

实验报告要求

（1）画出典型二阶系统的结构框图、模拟电路图，简写"实验内容与步骤"中的理论推导和实验步骤。

（2）记录在不同参数下典型二阶系统的单位阶跃响应波形，注明坐标轴。

（3）完成数据处理与结果分析和"实验思考题"。

3.2.2　控制系统的稳定性分析

实验目的

（1）研究开环增益 K 和时间常数 T 对三阶系统稳定性的影响。

（2）研究系统在不同输入下的稳态误差变化。

（3）观测系统的不稳定现象，学会分析三阶系统的稳定性。

预习要求

（1）预习系统稳定性的概念。

（2）预习稳态误差的概念以及三阶系统在不同输入下的稳态误差计算方法。

（3）预习劳斯稳定判据判断系统稳定性的原理及方法。

实验原理

稳定是控制系统能够正常运行的首要条件。任何系统在扰动作用下都会偏离原平衡状态，称为初始偏差状态。所谓稳定性，是指系统在扰动消失后，由初始偏差状态恢复到原平衡状态的性能。若线性控制系统在初始扰动的情况下，其动态过程随时间的推移逐渐衰减并趋于零（原平衡工作点），则称系统渐进稳定，简称稳定。线性系统的稳定性仅取决于系统自身的固有特性，而与外界条件无关。

线性系统稳定的充分必要条件是：闭环系统特征方程的所有根均具有负实部；或者说，闭环传递函数的极点均严格位于左半 s 平面。

实验内容与步骤

1. 典型三阶系统的稳定性及稳态误差 MATLAB 仿真分析

系统开环传递函数为 $G(s)=\dfrac{10K_0}{s(0.1s+1)(Ts+1)}$，分析开环增益 K_0 和时间常数 T 改

变对系统稳定性及稳态误差的影响。由图 3-9 所示典型三阶系统的模拟电路图可知，$K_0 = R_2/R_1$，$R_1 = 100$ kΩ，$0 \leqslant R_2 \leqslant 500$ kΩ。

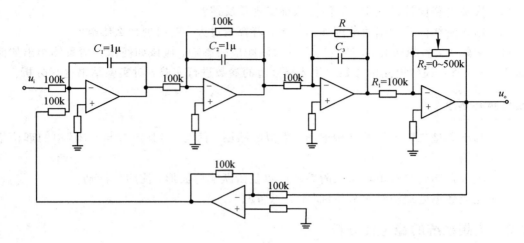

图 3-9　典型三阶系统模拟电路图

（1）令 $R = 100$ kΩ，$C_3 = 1$ μF，则 $T = RC_3 = 0.1$ s。保持 $T = 0.1$ s 不变，改变开环增益 K_0，分析 K_0 对系统稳定性的影响。

MATLAB 程序如下：

```
％定义元件参数
R1＝10^5；
R＝10^5；
R2＝[1, 2, 3, 4, 5] * 10^5；
C3＝[10^(−6), 10^(−7)]
T＝R * C3；
％建立系统传递函数;并绘制其阶跃响应曲线
for i＝1:5
    K0(i)＝ R2(i)/R1；
    num＝ 10 * K0(i)；
    den＝[0.1 * T(1), 0.1＋T(1), 1, 0]；
    Gopen＝tf(num,den)；
    Gclose＝feedback(Gopen, 1, −1)；
    figure(i)
    step(Gclose)
end
```

运行结果如图 3-10 所示，可见 $K_0 = 2$ 时，三阶系统临界稳定；随着 K_0 增加，系统将趋于不稳定。

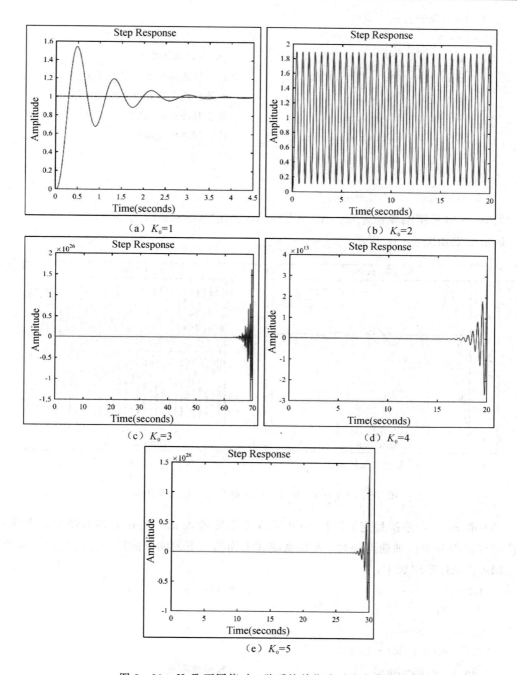

图 3-10 K_0 取不同值时三阶系统单位阶跃响应曲线

（2）在 $K_0=1$（系统稳定）和 $K_0=2$（系统临界稳定）两种情况下，分别绘制 $T=0.1$ 和 $T=0.01$（即 C_3 分别取 1 μF 和 0.1 μF 时）系统的单位阶跃响应曲线，分析 T 值变化对系统阶跃响应及稳定性的影响。

当 $K_0=1$（系统稳定）时，MATLAB 程序如下：

```
T=[0.1, 0.01];
for i=1:2
    K0=1;                                % K₀=1(系统稳定)
    num=10*K0;                           %开环传递函数分子多项式模型
    den=[0.1*T(i),0.1+T(i),1,0];         %开环传递函数分母多项式模型
    Gopen(i)=tf(num,den)                 %建立开环传递函数
    Gclose(i)=feedback(Gopen(i),1,-1)    %建立闭环传递函数
end
figure(1)
step(Gclose(1),'-',Gclose(2),'.-')
```

当 $K_0=2$(系统临界稳定)时,将 MATLAB 程序"K0=1;"改为"K0=2;"。
运行结果如图 3-11 所示。

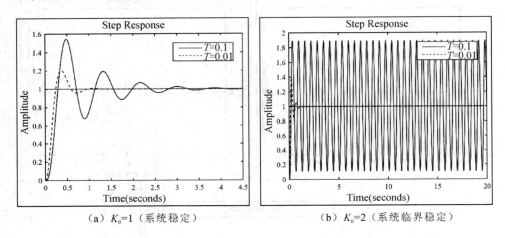

（a）$K_0=1$（系统稳定）　　　　　　（b）$K_0=2$（系统临界稳定）

图 3-11　$T=0.1$ 和 $T=0.01$ 时系统的单位阶跃响应

（3）取 $K_0=1$(系统稳定)且 $T=0.01$,改变系统输入 u_i,使 u_i 分别为单位阶跃函数、
单位斜坡函数和单位加速度函数,观察系统在不同输入下的响应曲线及相应的稳态误差。

MATLAB 程序如下:

```
K0=1;                                %给增益赋值
T=0.01;
num=10*K0;
den=[0.1*T, 0.1+T, 1, 0];
Gopen=tf(num,den)                    %开环传递函数
Gclose=feedback(Gopen, 1, -1)        %闭环传递函数
figure(1)
step(Gclose)                         %求系统阶跃响应
set(gca, 'XColor', 'k', 'YColor', 'k');  %设置图形坐标轴颜色为黑色
figure(2)
t=0:0.01:5;                          %自定义时间范围 0~5 s
```

```
u1＝t;                           %自定义斜坡函数 u₁＝t
lsim(Gclose, u1, t)             %函数 lsim(sys, input, t)用来绘制系统 sys 在任意
                                  输入 input 下的响应曲线
set(gca, 'XColor', 'k', 'YColor', 'k');    %设置图形坐标轴颜色为黑色
figure(3)
t＝0:0.01:5;
l＝length(t);
for i＝1:l
    u2(i)＝t(i)^2/2;            %自定义单位加速度函数
end
lsim(Gclose, u2, t)            %绘制系统 Gclose 对单位加速度输入的响应曲线
set(gca, 'XColor', 'k', 'YColor', 'k');    %设置图形坐标轴颜色为黑色
```

运行结果如图 3-12 所示，可见，系统对于单位阶跃输入可以实现无差跟踪；对于单位斜坡输入可以跟踪，但存在一定的稳态误差；而对于加速度输入，随时间推移，误差越来越大，即不能跟踪。

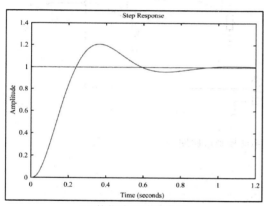

(a) 单位阶跃响应曲线

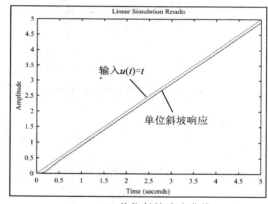

(b) 单位斜坡响应曲线

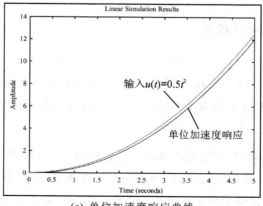

(c) 单位加速度响应曲线

图 3-12　系统响应曲线

2. 典型三阶系统的稳定性分析模拟电路实验

1) 实验内容

典型三阶系统结构框图如图 3-13 所示。

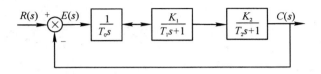

图 3-13　典型三阶系统结构框图

典型三阶系统模拟电路图如图 3-14 所示。

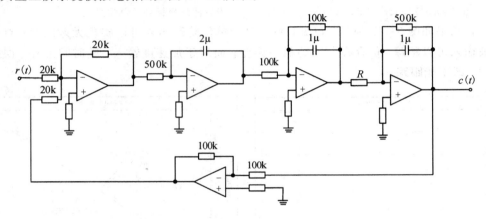

图 3-14　典型三阶系统模拟电路图

由图 3-14 可知,系统的开环传递函数为

$$G(s) = \frac{\dfrac{500}{R}}{s(0.1s+1)(0.5s+1)}$$

其中 $K = \dfrac{500}{R}$。系统的特征方程为

$$s^3 + 12s^2 + 20s + 20K = 0$$

根据劳斯稳定判据可知,当 $K=12(R=41.7 \text{ k}\Omega)$ 时,系统临界稳定;当 $0<K<12$ $(R>41.7 \text{ k}\Omega)$ 时,系统稳定;当 $K>12(R<41.7 \text{ k}\Omega)$ 时,系统不稳定。

2) 实验步骤

(1) 按图 3-14 所示的模拟电路图接线,或者根据图 3-13 所示的结构框图自行构造模拟电路图接线,将模拟单位阶跃信号(幅值为 1 V 的方波信号)接至模拟电路输入端,取 $R=30 \text{ k}\Omega$。观察并记录系统的单位阶跃响应曲线,测量三阶系统的动静态性能指标。

(2) 改变开环增益,令 $R=41.7 \text{ k}\Omega$ 或 $R=100 \text{ k}\Omega$,分别观测并记录系统的单位阶跃响应曲线,研究开环增益改变对系统阶跃响应的影响,并将实验结果填入表 3-2 中。

表 3 - 2　典型三阶系统在不同开环增益下的响应

$R/k\Omega$	开环增益 K	稳定性	单位阶跃响应曲线	响应曲线特征	性能指标
30					
41.7					
100					

实验思考题

（1）影响系统稳定性和稳态误差的因素有哪些？

（2）如何改善系统的稳定性，减小和消除稳态误差？

实验报告要求

（1）"典型三阶系统的稳定性分析模拟电路实验"的实验内容，包括典型三阶系统的传递函数、典型三阶系统的结构图和模拟电路图。

（2）测量系统在不同开环增益 K 取值下的单位阶跃响应曲线，记录三阶系统在稳定情况下的动静态性能指标，完成表 3 - 2。

（3）完成"实验思考题"的内容。

第4章　线性系统的根轨迹分析

4.1　根轨迹的基本知识

1. 根轨迹概念

根轨迹简称根迹，它是开环系统某一参数从 0 变化到无穷时，闭环系统特征方程式的根在 s 平面上变化的轨迹。

2. 根轨迹方程

根轨迹是系统所有闭环极点的集合。系统闭环传递函数表达式为

$$\Phi(s)=\frac{C(s)}{R(s)}=\frac{G(s)}{1+G(s)H(s)} \tag{4-1}$$

为了用图解法确定所有闭环极点，令式（4-1）的分母为 0，得闭环系统特征方程为

$$1+G(s)H(s)=0 \tag{4-2}$$

式（4-2）称为根轨迹的基本方程，$G(s)H(s)$ 为系统的开环传递函数。当系统有 m 个开环零点和 n 个开环极点时，开环传递函数写成零极点的形式如下：

$$G(s)H(s)=K^*\frac{\prod\limits_{j=1}^{m}(s-z_j)}{\prod\limits_{i=1}^{n}(s-p_i)}=-1 \tag{4-3}$$

式（4-3）中，K^* 为系统的根轨迹增益，变化范围从零到无穷大；$z_j(j=1,2,\cdots,m)$ 为系统已知的开环零点；$p_i(i=1,2,\cdots,n)$ 为系统已知的开环极点。根轨迹方程（4-3）可用如下两个方程描述。

（1）根轨迹存在的模值方程（条件）为

$$K^*\frac{\prod\limits_{j=1}^{m}|s-z_j|}{\prod\limits_{i=1}^{n}|s-p_i|}=1 \tag{4-4}$$

（2）根轨迹存在的相角方程（条件）为

$$\sum_{j=1}^{m}\angle(s-z_j)-\sum_{i=1}^{n}\angle(s-p_i)=\pm(2k+1)\pi \tag{4-5}$$

根据这两个条件，可以完全确定 s 平面上的根轨迹和根轨迹上对应的 K^* 值。其中，式（4-5）即相角条件是根轨迹存在的充分必要条件。也就是说，绘制根轨迹时，只需要使用相角条件；而当需要确定根轨迹上各点的 K^* 值时，才使用模值条件。

3. 绘制 180°根轨迹的基本法则

当研究的变化参数是根轨迹增益 K^* 时，运用根轨迹图绘制基本法则（参考胡寿松教材）可以绘制根轨迹。当可变参数为系统的其他参数时，这些基本法则仍然适用。

4.2　实验项目：线性系统的根轨迹分析

实验目的

（1）熟练掌握使用 MATLAB 绘制根轨迹图形的方法。

（2）掌握利用所绘制根轨迹图形分析系统性能的方法。

（3）通过模拟电路实验，验证根轨迹分析方法。

预习要求

（1）预习根轨迹概念、根轨迹方程和绘制法则，以及 MATLAB 中绘制根轨迹的方法。

（2）预习开环零极点对系统性能的影响，闭环主导极点的概念。

实验原理

1. 实验对象及根轨迹分析

已知系统的结构如图 4-1 所示。

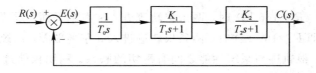

图 4-1　系统结构

对应的模拟电路构成如图 4-2 所示。

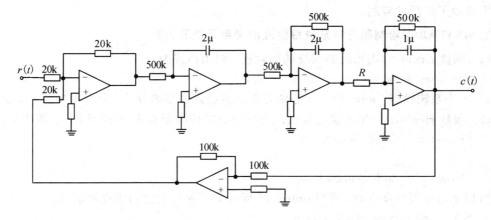

图 4-2　系统模拟电路构成

可知，系统的开环传递函数为 $G(s)=\dfrac{K}{s(s+1)(0.5s+1)}$，其中 $K=500/R$。系统的闭环传递函数为 $\varPhi(s)=\dfrac{K}{s(s+1)(0.5s+1)+K}$。

由于开环传递函数分母多项式最高阶次 $n=3$，故根轨迹分支数为 3。3 个开环极点分别为 $p_1=0$，$p_2=-1$，$p_3=-2$。因此，实轴上的根轨迹：

(1) 起始于 0、-1、-2，其中起始于 -2 的根轨迹终止于无穷远处。

(2) 起始于 0 和 -1 的两条根轨迹在实轴上相遇后分离，需要计算根轨迹的分离点。分离点方程为

$$\frac{1}{d}+\frac{1}{d+1}+\frac{1}{d+2}=0$$

经整理得到

$$1.5d^2+3d+1=0$$

求得 $d_1=-0.422$，$d_2=-1.578$，应当取 $d=-0.422$。

(3) 根轨迹渐近线与实轴的交角和交点分别为 $\pi/3$ 和 -1。

(4) 确定根轨迹与虚轴的交点。令 $s=\mathrm{j}\omega$，代入闭环特征方程中，然后分别令实部和虚部为 0 求得 $\omega=\pm\sqrt{2}$，$K=3$。

(5) 根据以上步骤所得画出根轨迹图。可以分析当开环增益 K 由零变化到无穷大时系统的性能：

当 $K=3$，即 $R=166\ \mathrm{k\Omega}$ 时，闭环极点有一对在虚轴上的根，系统等幅振荡，临界稳定；

当 $K>3$，即 $0<R<166\ \mathrm{k\Omega}$ 时，两条根轨迹进入 s 右半平面，系统不稳定；

当 $0<K<3$，即 $R>166\ \mathrm{k\Omega}$ 时，两条根轨迹进入 s 左半平面，系统稳定。

上述分析表明，根轨迹与系统性能之间有密切的联系。利用根轨迹不仅能够分析参数变化对系统动态性能的影响，而且还可以根据对系统暂态特性的要求确定可变参数和调整开环零极点位置以及个数。这就是说，根轨迹法可用来解决线性系统的分析和综合问题。由于它是一种图解求根的方法，避免了求解高阶系统特征根的麻烦，所以，根轨迹在工程实践中获得了广泛的应用。

2. MATLAB 中绘制和分析系统根轨迹的常用函数及说明

(1) 函数 rlocus( )用来绘制系统的根轨迹，调用格式为

　　rloxus(sys)或 rlocus(num，den)

其中，sys 为系统模型，num 和 den 分别为系统多项式模型的分子、分母多项式系数向量。

(2) 函数 rlocfind( )用来确定根轨迹上选定点对应的增益 K 和闭环根 r，调用格式为

　　[K，pulcx3]= rlocfind(sys)

或

　　[K，poles]= rlocfind(num，den)

当程序运行到该命令时，在"Command Window"窗口上会出现提示语句：

　　Select a point in the graphics window

该语句提示用户在根轨迹图上选定闭环根的位置，即用鼠标点中一个闭环极点，则返

回对应该极点的根轨迹增益 K 和该点对应的 n 个闭环极点，并在图上标注十字。使用该命令之前，要先用 rlocus( )命令作出根轨迹图。

（3）函数 rlocfind( )的另一种调用格式为

　　　　[K，poles]＝rlofind(Gopen，P)

其中，P 为所要选定的点，返回值 K 为 P 点对应的根轨迹增益。使用该调用格式，不需要在根轨迹图上手动选点，系统会自动选定 P 点并给出 P 点对应的增益 K 和闭环极点值。

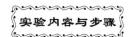

1. 使用 MATLAB 绘制系统的根轨迹，并分析系统性能

（1）绘制根轨迹，键入 MATLAB 程序如下：

```
K＝1;                    %建立系统的零极点模型
z＝[];
p＝[0 −1 −2];
[num, den]＝zp2tf(z, p, K);    %零极点模型转换为多项式模型
rlocus(num, den)             %函数 rlocus( )用来绘制系统的根轨迹
```

（2）确定分离点与相应的根轨迹。

在控制台输入命令：

　　　　[K，r]＝rlocfind(num, den)

然后将鼠标移至根轨迹上所要选定的位置，单击左键确定，图上会出现"＋"标记，同时在 MATLAB 的命令窗口"Command Window"上会得到选定点的增益 K 和该 K 值下所有闭环根 r 的返回变量，如图 4-3 所示。

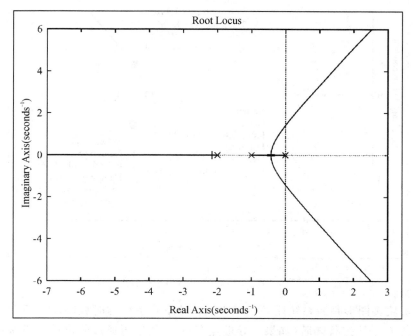

图 4-3　由根轨迹图确定分离点参数

"Command Window"窗口返回的分离点相应的 K 和 r 值：

Selected_point =

　　−0.4242 − 0.0000i

K=

　　0.3849

r=

　　−2.1547

　　−0.4242

　　−0.4211

（3）判断系统稳定性。当根轨迹位于 s 左半平面时，闭环系统是稳定的。根据这一判断准则，可以确定当系统稳定时根轨迹增益 K^* 应满足的条件。具体方法是：求出根轨迹和虚轴的交点对应的 K^* 值，然后根据根轨迹图形判断当根轨迹位于 s 左半平面时 K^* 的取值范围。如果当 K^* 从 0 变化到 $+\infty$ 时，根轨迹图形恒在 s 左半平面上，则系统是恒稳定的。

综上，由根轨迹图判断系统稳定性就是由所绘制的根轨迹图形判断根轨迹位于 s 左半平面时根轨迹增益的取值范围。

确定系统临界稳定的根轨迹增益，可以不用 rlocfind( )命令，直接用鼠标左键点击所要选择的点，根轨迹图上就会出现该点的说明，包括相应增益（Gain）、极点位置（Pole）、阻尼参数（Damping）、超调量（Overshoot）和自然频率（Frequency），如图 4 − 4 所示。

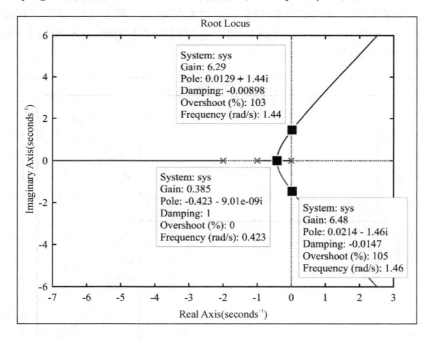

图 4 − 4　由根轨迹图读出系统性能

（4）由根轨迹图形判断系统闭环主导极点。对高阶系统的时域响应分析常用的方法是根据主导极点对系统进行降阶（如果主导极点存在），然后再通过分析近似系统的时域响应来分析高阶系统的性能，所以主导极点在复平面上的位置对系统性能起决定性的作用。对

于没有零点的系统，若闭环主导极点为

$$s_{1,2} = -\xi\omega_n \pm j\omega_n\sqrt{1-\xi^2}$$

其时域性能近似为

$$\sigma\% = e^{-\frac{\xi\pi}{\sqrt{1-\xi^2}}} \times 100\%$$

$$t_s = \frac{3}{\xi\omega_n}$$

2. 根轨迹模拟电路实验

按图 4-2 所示的模拟电路图接线，或者根据图 4-1 所示的结构框图自行构造模拟电路图接线，将模拟单位阶跃信号（幅值为 1 V 的方波信号）接至模拟电路输入端。改变开环增益 K 或者说改变电阻 R 的取值，使系统处于稳定、不稳定和临界稳定三种状态下，分别观察并记录系统的单位阶跃响应曲线，验证实验结果是否与理论计算和 MATLAB 仿真结果吻合。

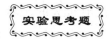

（1）已知单位负反馈系统的开环传递函数为 $G(s) = \dfrac{K}{(s+14)(s^2+2s+1)}$，用 MATLAB 绘制系统的根轨迹图，确定系统稳定时根轨迹增益 K 的取值范围，并利用根轨迹图得到该系统的一对闭环极点，判断该对闭环极点是不是一对闭环主导极点，然后求该系统的近似二阶系统的闭环传递函数。

（2）已知系统的开环传递函数为 $G(s) = \dfrac{K}{s(s+0.8)}$，在系统中分别加入一对复数开环零点 $-2\pm4j$ 或者一个实数开环零点 -4。试画出 3 个不同系统的根轨迹图，比较它们的单位阶跃响应和动态性能指标，并总结改变开环零点对系统根轨迹和系统动静态性能的影响。

实验报告要求

"实验思考题"的内容选其一完成，并把完整的理论分析、MATLAB 程序、实验结果和结果分析写在实验报告中。

第 5 章　线性系统的频域分析

在经典控制理论中，采用时域分析法研究系统的性能比较准确和直观。但是，在应用中也常会遇到一些困难。其一，对于高阶系统，其性能指标不易确定；其二，难于研究参数和结构变化对系统性能的影响。

控制系统中的信号可以表示为不同频率正弦信号的合成，控制系统的频率特性反映正弦信号作用下系统响应的性能。应用频率特性研究线性系统的经典方法称为频域分析法。频域分析法具有以下特点：

（1）频率特性具有明确的物理意义，控制系统及许多元部件的特性均可用实验方法来确定，这对于难以用分析其物理规律来列写动态方程的元部件和控制系统有很大的实际意义。

（2）应用奈奎斯特稳定判据，可以根据系统的开环频率特性研究闭环系统的稳定性，且不必解出特征方程的根。

（3）对于二阶系统，频率特性与暂态性能指标之间有确定的对应关系，对于高阶系统，两者也存在近似关系。由于频率特性与系统的参数和结构密切相关，可以用研究频率特性的方法把系统参数和结构的变化与暂态性能指标联系起来。

（4）频率响应法不仅适用于线性定常系统的分析研究，也可推广到某些非线性控制系统中。

（5）当系统在某些频率范围内存在严重的噪声时，使用频率响应法，可以设计能够满意地抑制这些噪声的系统。

5.1　线性系统频域特性

1. 频率特性的基本概念

频率特性定义：对于稳定的线性定常系统，由谐波输入产生的输出稳态分量仍然是与输入同频率的谐波函数，幅值和相位的变化是频率 ω 的函数，且与系统数学模型相关。谐波输入下，输出响应中与输入同频率的谐波分量与谐波输入的幅值之比 $A(\omega)$ 为幅频特性，相位之差 $\varphi(\omega)$ 为相频特性，并称其指数表达形式：

$$G(\mathrm{j}\omega) = A(\omega)\mathrm{e}^{\mathrm{j}\varphi(\omega)} \qquad\qquad (5-1)$$

为系统的频率特性。

上述频率特性的定义既适用于稳定系统，也适用于不稳定系统。稳定系统的频率特性可以用实验方法确定，即在系统的输入端施加不同频率的正弦信号，然后测量系统输出的稳态响应，再根据幅值比和相位差作出系统的频率特性曲线。频率特性也是系统数学模型的一种表达形式。

对于不稳定系统，输出响应稳态分量中含有由系统传递函数的不稳定极点产生的呈发散或振荡的分量，因此不稳定系统的频率特性不能通过实验方法确定。

线性定常系统的传递函数为零初始条件下，输出和输入的拉氏变换之比，即

$$G(s) = \frac{C(s)}{R(s)}$$

频率特性与传递函数的关系为

$$G(\mathrm{j}\omega) = \frac{C(\mathrm{j}\omega)}{R(\mathrm{j}\omega)} = G(s)|_{s=\mathrm{j}\omega} \tag{5-2}$$

由此可知，稳定系统的频率特性等于输出和输入的傅氏变换之比。对于稳定的线性定常系统，若输入 $r(t) = A\sin\omega t$，则输出 $c(t) = A|G(\mathrm{j}\omega)|\sin(\omega t + \angle G(\mathrm{j}\omega))$，即输出信号的幅值有加权，相角有修正，这正是频率特性的物理意义。

2. 频率特性的几何表示法

在工程分析和设计中，通常把线性系统的频率特性画成曲线，再运用图解法进行研究。常用的频率特性曲线有以下三种。

1) 幅相频率特性曲线

幅相频率特性曲线简称为幅相曲线或极坐标图，它以横轴为实轴、纵轴为虚轴，构成复数平面。对于任一给定的频率 ω，频率特性值为复数。若将频率特性表示为实数和虚数和的形式，则实部为实轴坐标值，虚部为虚轴坐标值。若将频率特性表示为复指数形式，则为复平面上的向量，而向量的长度为频率特性的幅值，向量与实轴正方向的夹角等于频率特性的相位。由于幅频特性为 ω 的偶函数，相频特性为 ω 的奇函数，则 ω 从零变化至 $+\infty$ 和从零变化至 $-\infty$ 的幅相曲线关于实轴对称，因此一般只绘制 ω 从零变化至 $+\infty$ 的幅相曲线。在系统幅相曲线中，频率 ω 为参变量，一般用小箭头表示 ω 增大时幅相曲线的变化方向。

2) 对数频率特性曲线

对数频率特性曲线又称波特（Bode）图，它包括对数幅频特性曲线和对数相频特性曲线，是频率响应法中广泛使用的一组曲线。

对数频率特性曲线的横坐标按 $\lg(\omega)$ 分度，单位为弧度/秒（rad/s）。对数幅频特性曲线的纵坐标按

$$L(\omega) = 20\lg|G(\mathrm{j}\omega)| = 20\lg A(\omega)$$

线性分度，单位是分贝（dB）。对数相频特性曲线的纵坐标按 $\varphi(\omega)$ 线性分度，单位为度（°）。由此构成的坐标系称为半对数坐标系。

对数频率特性曲线的优点包括：

（1）它把各串联环节幅值的乘除化为加减运算，简化了开环频率特性的计算与作图。

（2）利用渐近直线来绘制近似的对数幅频特性曲线，而且对数相频特性曲线具有奇对称于转折频率点的性质，这些可使作图大为简化。

（3）通过对数的表达式，可以在一张图上既能绘制出频率特性的中高频率特性，又能清晰地画出其低频率特性。

3. 对数幅相曲线

对数幅相曲线又称为尼柯尔斯图，其特点可以参考主教材。

5.2 实验项目

5.2.1 线性系统的频率特性测量

实验目的

(1) 了解系统及元件频率特性的物理概念。

(2) 掌握利用 MATLAB 仿真和模拟电路实验方法测量系统频率特性的方法。

预习要求

预习频率特性基本概念、频率特性的几何表示方法及近似绘制方法、MATLAB 绘制频率特性的方法以及典型环节的频率特性。

实验原理

1. MATLAB 绘制频率特性曲线的常见函数及调用格式

(1) MATLAB 提供了函数 bode( )用于绘制系统的波特图，其用法如下：

bode(a，b，c，d)：自动绘制出系统的一组波特图，它们是针对连续状态空间系统[a，b，c，d]的每个输入的波特图。其中频率范围由函数自动选取，而且在响应快速变化的位置时会自动采用更多取样点。

bode(a，b，c，d，iu)：可得到从系统第 iu 个输入到所有输出的波特图。

bode(num，den)：可绘制出以连续时间多项式传递函数表示的系统的波特图。

bode(a，b，c，d，iu，ω)或 bode(num，den，ω)：可利用指定的角频率 ω 矢量绘制出系统的波特图。

当带输出变量[mag，pha，ω]或[mag，pha]引用函数时，可得到系统波特图相应的幅值 mag、相角 pha 及角频率点 ω 矢量或只是返回幅值与相角。角频率 ω 的单位是 rad/s，相角以度(°)为单位，幅值需用 magdb=20log10(mag)转换成以分贝(dB)为单位。

(2) MATLAB 提供了函数 nyquist( )来绘制系统的极坐标图，其用法如下：

nyquist(a，b，c，d)：绘制出系统的一组 Nyquist 曲线，每条曲线对应于连续状态空间系统[a，b，c，d]的输入/输出组合对。其中频率范围由函数自动选取，而且在响应快速变化的位置会自动采用更多取样点。

nyquist(a，b，c，d，iu)：可得到从系统第 iu 个输入到所有输出的极坐标图。

nyquist(num，den)：可绘制出以连续时间多项式传递函数表示的系统极坐标图。

nyquist(a，b，c，d，iu，ω)或 nyquist(num，den，ω)：可利用指定的角频率 ω 矢量绘制出系统的极坐标图。

当不带返回参数时，直接在屏幕上绘制出系统的极坐标图(图上用箭头表示 ω 的变化方向，负无穷到正无穷)。当带输出变量[re，im，ω]引用函数时，可得到系统频率特性函数的实部 re、虚部 im 及角频率点 ω 矢量(为正的部分)。可以用 plot(re，im)绘制出对应 ω 从负无穷到零变化的部分。

（3）常用频域分析函数——margin( )函数。

margin( )函数可以从频率响应数据中计算出幅值裕度、相角裕度以及对应的频率。幅值裕度和相角裕度是针对开环 SISO 系统而言的，它指示系统闭环时的相对稳定性。当不带输出变量引用时，margin( )可在当前图形窗口中绘制出带有裕量及相应频率显示的波特图，其中幅值裕度以分贝为单位，幅值裕度是在相角为 $-180°$ 处使开环增益为 1 的增益量。如在 $-180°$ 相角处的开环增益为 g，则幅值裕度为 $1/g$；若用分贝值表示幅值裕度，则等于 $-20\log10(g)$。类似地，相角裕度是当开环增益为 1 时，相应的相角与 $180°$ 角的和。margin( )的用法如下：

margin(mag, phase, ω)：由 bode 指令得到的幅值 mag（不是以 dB 为单位）、相角 phase 及角频率 ω 矢量绘制出带有裕量及相应频率显示的波特图。

margin(num, den)：可计算出连续系统传递函数表示的幅值裕度和相角裕度，并绘制相应波特图。类似地，margin(a, b, c, d)可以计算出连续状态空间系统表示的幅值裕度和相角裕度，并绘制相应波特图。

［gm, pm, wcg, wcp］＝margin(mag, phase, ω)：由幅值 mag（不是以 dB 为单位）、相角 phase 及角频率 ω 矢量计算出系统幅值裕度、相角裕度及相应的相角交界频率 wcg、截止频率 wcp，而不直接绘出波特图曲线。

（4）freqs( )函数：用于计算由矢量 a 和 b 构成的模拟滤波器 $H(s)=B(s)/A(s)$ 的幅频响应，$H(s)$ 的计算公式如下：

$$H(s)=\frac{B(s)}{A(s)}=\frac{b(1)s^m+b(2)s^{m-1}+\cdots+b(m+1)}{1\cdot s^n+a(2)s^{n-1}+\cdots+a(n+1)}$$

freqs( )函数的用法如下：

h＝freqs(b, a, ω)：用于计算模拟滤波器的幅频响应，其中实矢量 ω 用于指定频率值，返回值 h 为一个复数行向量，要得到幅值必须对它取绝对值，即求模。

［h, ω］＝freqs(b, a)：自动设定 200 个频率点来计算频率响应，这 200 个频率值记录在 ω 中。

［h, ω］＝freqs(b, a, n)：设定 n 个频率点计算频率响应。

不带输出变量的 freqs 函数，将在当前图形窗口中绘制出幅频和相频曲线，其中幅、相频曲线对纵坐标与横坐标均为对数分度。

（5）其他常用频域分析函数包括：

nichols：求连续系统的尼科尔斯曲线（即对数幅、相频曲线）。

ngrid：尼科尔斯方格图。

2. 实验测量对象的频率特性的两种方法

1）直接测量频率特性

直接测量对象的输出频率特性，适用于时域响应曲线收敛的对象（如惯性环节）。该方法将输入信号源和被测对象的时域响应曲线进行对比，直接测量不同频率时对象输出信号与输入信号的相位差及幅值衰减情况，就可得到对象的频率特性。下面进行举例说明。

实验对象选择一阶惯性环节，其传递函数为

$$G(s) = \frac{1}{0.1s+1}$$

结构框图和模拟电路图分别如图 5-1 所示和图 5-2 所示。

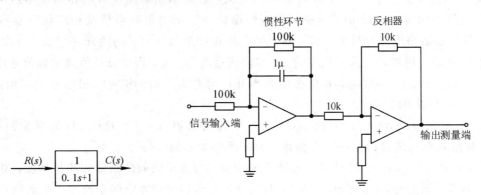

图 5-1　一阶惯性环节结构框图　　　　图 5-2　一阶惯性环节模拟电路图

用示波器的两路表笔分别测量信号输入端和输出端，测得不同频率下输出信号与信号源的幅值和相位关系，直接得出一阶惯性环节的频率特性。

2）间接测量频率特性

有些线性系统的开环时域响应曲线发散（如积分环节），幅值不易测量，可将其构成闭环负反馈稳定系统后，通过测量信号源、反馈信号和误差信号，根据信号之间的关系，从而推导出对象的开环频率特性。下面进行举例说明。

实验对象为积分环节，其传递函数为

$$G(s) = \frac{1}{0.1s}$$

积分环节的开环时域响应曲线不收敛，稳态幅值无法测出，因此无法直接测量其频率特性。为此，将积分环节构成单位负反馈系统，根据闭环系统反馈信号及误差信号之间的关系，得出积分环节的频率特性。其模拟电路构成如图 5-3 所示。

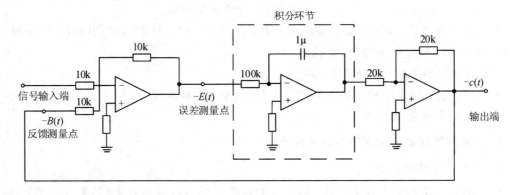

图 5-3　由积分环节构成单位负反馈系统模拟电路

由图 5-3 可知开环频率特性为

$$G(j\omega) = \frac{B(j\omega)}{E(j\omega)} = \left| \frac{B(j\omega)}{E(j\omega)} \right| \angle \frac{B(j\omega)}{E(j\omega)}$$

采用对数幅频特性和相频特性表示，则可表示为

$$20\lg|G(j\omega)| = 20\lg\left|\frac{B(j\omega)}{E(j\omega)}\right| = 20\lg|B(j\omega)| - 20\lg|E(j\omega)| \tag{5-3}$$

$$\angle G(j\omega) = \angle \frac{B(j\omega)}{E(j\omega)} = \angle B(j\omega) - \angle E(j\omega) \tag{5-4}$$

其中，$G(j\omega)$ 为积分环节，所以只要将反馈信号和误差信号的幅值及相位按式(5-3)和式(5-4)计算出来，即可得积分环节的频率特性。

实验中将示波器的两路表笔分别测量图 5-3 中的反馈测量点和误差测量点，确定不同频率点时两路信号与输入信号之间的相位和幅值关系，然后计算得出积分环节的对数频率特性。

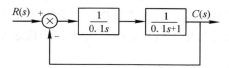

1. 利用 MATLAB 测量频率特性

1) 实验对象及分析

已知线性系统的结构和模拟电路构成分别如图 5-4 和图 5-5 所示。

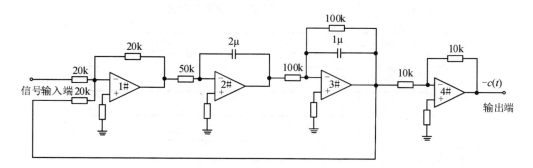

图 5-4　频率特性测量实验对象结构图

图 5-5　频率特性测量实验对象模拟电路

由上可知，系统由一个积分环节和一个惯性环节组成，开环传递函数为

$$G(s) = \frac{1}{0.1s(0.1s+1)}$$

系统的闭环传递函数为

$$\Phi(s) = \frac{1}{0.01s^2 + 0.1s + 1} = \frac{100}{s^2 + 10s + 100}$$

得到转折频率 $\omega = 10$ rad/s，阻尼比 $\xi = 0.5$。请先自行绘制出该系统的开环幅、相频率特性

曲线和对数频率特性曲线。

2）软件仿真

运行 MATLAB，在"Command Window"下输入命令"simulink"，启动 Simulink 仿真环境子窗口，建立如图5-4所示的系统仿真结构图，如图5-6所示。

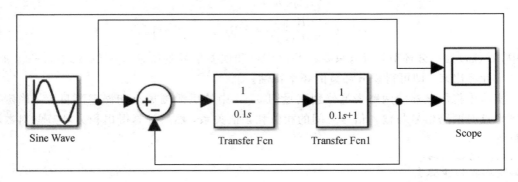

图5-6　系统仿真结构图

双击正弦信号模块"Sine Wave"，弹出其参数设置对话框，可设置正弦信号的"Amplitude"（幅值）和"Frequency"（频率）。

输入信号 $u_i = \sin t$ 和 $u_i = \sin 5t$ 时的仿真结果分别如图5-7(a)和图5-7(b)所示。

随着频率的变化，系统输出信号的幅值和相位都会发生相应的变化。改变输入正弦信号频率，测试并记录输出信号与输入信号的幅值之比和相位之差，可以得到系统的幅、相频率特性。

绘制典型二阶系统的开环幅、相频率特性曲线和开环对数频率特性曲线，参考程序如下：

s＝tf('s')；

G＝1/0.1＊s＊(0.1＊s＋1)；　　　　　　%定义系统开环传递函数

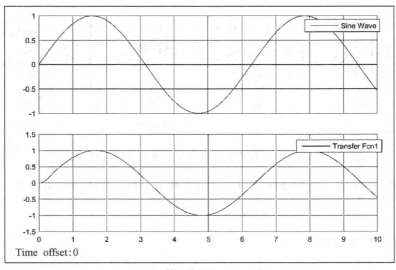

(a) 输入信号为 $u_i = \sin t$ 时

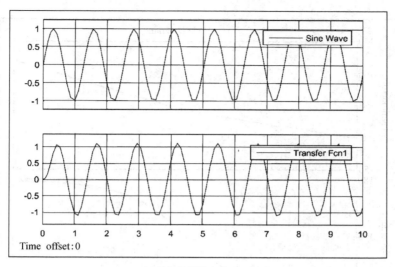

(b) 输入信号为 $u_i = \sin 5t$ 时

图 5 - 7　改变输入正弦信号频率 ω 时输出信号的变化

```
figure(1)
nyquist(G)                                  %绘制系统开环幅、相频率特性曲线(幅、相曲线)
set(gca,'XColor','k','YColor','k');         %设置图形坐标轴颜色为黑色
figure(2)
bode(G)                                      %绘制系统开环对数频率特性曲线(波特图)
set(gca,'XColor','k','YColor','k','ZColor','k');  %设置图形坐标轴颜色为黑色
```
运行结果如图 5 - 8 所示。

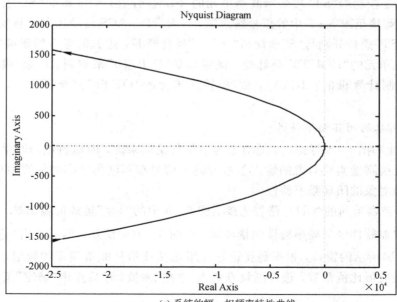

(a) 系统的幅、相频率特性曲线

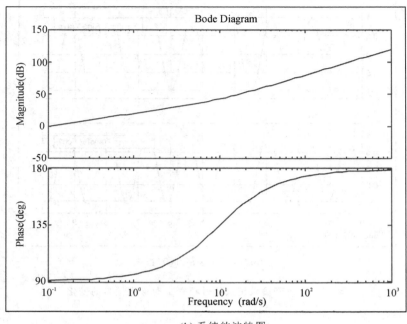

(b) 系统的波特图

图 5 - 8　系统频率特性曲线

2. 模拟电路实验测量对象的频率特性

首先按图 5 - 5 所示的模拟电路接线。针对西安唐都科教仪器公司的 TD - ACC＋自动控制原理实验箱，实验步骤为：将信号源单元的"ST"插针分别与"S"插针和"＋5 V"插针断开，运放的锁零控制端"ST"接至示波器单元的"SL"插针处，锁零端受"SL"控制；将示波器单元的"SIN"接至图 5 - 5 中的信号输入端。针对 TD - ACS 自动控制原理实验箱：将信号源单元的"ST"插针分别与"S"插针和"＋5 V"插针断开，运放的锁零控制端"ST"此时接至控制计算机单元的"DOUT0"插针处，锁零端受"DOUT0"来控制。将数/模转换单元的"/CS"接至控制计算机的"/IOY1"，数/模转换单元的"OUT1"接至图 5 - 5 中的信号输入端。

1）测量对象的闭环频率特性

由图 5 - 4 和图 5 - 5 可知，实验对象为单位负反馈系统，因此通过修改输入正弦信号的角频率，直接测量实验对象的输出信号与输入信号在不同角频率时的幅值比与相角差，即可得到实验对象的闭环频率特性。

（1）将示波器单元的"CH1"路表笔接至图 5 - 5 中的"4♯"运放的输出端。打开实验箱配套的虚拟仪器软件中的频率特性测量界面，如图 5 - 9(a)所示，然后点击"▦"按钮，弹出如图 5 - 9(b)所示的窗口，根据需要设置几组正弦波信号的角频率和幅值，并为每组参数选择合适的波形比例系数，选择测量方式为"直接"测量，然后点击"确定"按钮。

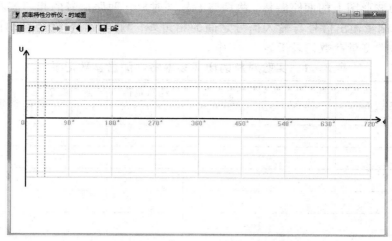

(a) 频率特性分析仪界面

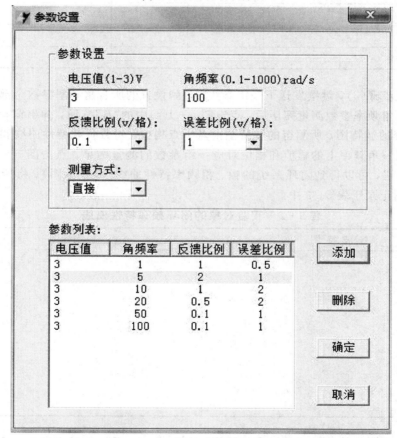

(b) 参数设置窗口

图 5 - 9　频率特性测量窗口

（2）点击图 5 - 9(a)中的"➡"按钮，则发送一组参数，待测量完毕，窗口显示输入正弦信号和输出信号的时域波形，软件会自动读取输入信号和输出信号的幅值并保存。此时需要自行移动波形图上的两路游标，将两路游标同时放在两路信号的相邻波峰、相邻波谷或者零点处，测量输出信号与输入信号之间的相角差，测定后，软件会自动记录相角差。将闭环频率特性测量参数记录于表 5-1 中。

表 5-1　实验对象的闭环频率特性测量参数记录

频率 $\omega/(\mathrm{rad \cdot s^{-1}})$	输入 U_r	输出 U_c	相对幅值 U_c/U_r	对数幅值 $20\lg U_c/U_r$	相位差 $\varphi(\omega)$

（3）重复步骤（2），继续发送下一组参数，直到设置的所有角频率参数全部测量完毕。

（4）所有角频率参数测量完毕后，点击图 5-9(a) 中的"B"按钮，弹出窗口，显示所测量的闭环系统的波特图。所测得的波特图由若干点构成，对数幅频特性曲线和对数相频特性曲线中，同一角频率上的幅值和相位对应一组参数的测量结果。点击图 5-9(a) 中的极坐标图"G"按钮，可以得到闭环系统的幅、相频率特性曲线（极坐标图）。将所测得的波特图和极坐标图记录于表 5-2 中。

表 5-2　实验对象的闭环频率特性曲线

波　特　图	极坐标图

（5）如果所测得的波特图和极坐标图不能完全表达出系统的频率特性，可以适当修改输入的每组正弦波信号的角频率和幅值，或者增减测量参数值的数量，然后重新测量。

2）测量对象的开环频率特性

将示波器的"CH1"接至"3♯"运放的输出端，"CH2"接至"1♯"运放的输出端，即示波器的两路表笔分别测量反馈信号和误差信号。按"1)测量对象的闭环频率特性"的方法和步骤设置测量参数,不同的是需要将测量方式改为"间接"测量,用两根游标测量反馈信号和误差信号的相位差。将开环频率特性测量参数记录于表 5-3 中,将测得对象的开环波特图和开环极坐标图记录于表 5-4 中。

表 5-3 实验对象的开环频率特性测量参数记录

频率 $\omega/(\mathrm{rad \cdot s^{-1}})$	反馈信号幅值	误差信号幅值	对数幅值之差	相位差 $\varphi(\omega)$

表 5-4 实验对象的开环频率特性曲线

波 特 图	极 坐 标 图

注意事项:测量过程中,可能会由于所测信号幅值衰减太大,信号很难读出,因此需放大比例系数。但是若放大的比例系数不合适,会导致测量误差较大,所以要适当地调整误差比例系数或反馈比例系数。

实验思考题

(1)已知系统的开环传递函数为 $G(s)=\dfrac{1}{s(0.1s+1)(0.2s+1)}$,用 MATLAB 绘制其开环幅、相曲线和波特图。

(2)在模拟电路实验过程中,如何滤除运放的反相作用,使输出信号与输入信号同相?

(3)如何选择输入正弦信号的幅值?幅值太大或者太小会出现什么问题?

(4)模拟电路实验测得的波特图与理论绘制的波特图有何差异?若有,请分析产生差异的原因。

（5）对数频率特性曲线为什么要采用 ω 的对数分度？在模拟电路实验时，输入正弦信号的频率 ω 如何取值或者如何设置一组频率 ω 参数？

（6）MATLAB 绘制的开环幅、相曲线与通常近似绘制的有何不同？

实验报告要求

（1）将"实验内容与步骤"中的"2.模拟电路实验测量对象的频率特性"的完整过程写到实验报告中，尤其是数据记录部分。

（2）完成"实验思考题"，并将思考题(1)的程序、频率特性曲线写到报告中。

5.2.2　控制系统频域响应及稳定性分析

实验目的

（1）学会由频率特性确定系统传递函数及参数的方法。

（2）了解 MATLAB 中由频率特性曲线获取频域指标的方法。

（3）掌握运用波特图分析系统稳定性的方法。

（4）加深理解奈奎斯特稳定判据及其实际应用。

预习要求

（1）预习稳定裕度的概念，对数频率稳定性判断方法。

（2）预习奈奎斯特稳定判据。

（3）预习由对数频率特性确定传递函数的方法。

实验原理

1. 奈奎斯特稳定判据

奈奎斯特稳定判据是利用系统开环频率特性来判断闭环系统稳定性的一个判据，简称奈氏判据，其具体内容如下。

对于图 5-10 所示的系统，反馈控制系统稳定的充分必要条件是半闭合曲线 Γ_{GH} 不穿过 $(-1, j0)$ 点且逆时针包围临界点 $(-1, j0)$ 点的圈数 R 等于开环传递函数的正实部极点数 P。

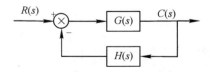

图 5-10　反馈控制系统框图

由幅角原理可知，闭合曲线 Γ 包围函数 $F(s)=1+G(s)H(s)$ 的零点数即反馈控制系统正实部极点数为

$$Z=P-R=P-2N.$$

当 $P \neq R$ 时，$Z \neq 0$，系统闭环不稳定。而当半闭合曲线 Γ_{GH} 穿过 $(-1, j0)$ 点时，表明存在 $s = \pm j\omega_n$，使得

$$G(\pm j\omega_n)H(\pm j\omega_n) = -1$$

即系统闭环特征方程存在共轭纯虚根，则系统可能临界稳定。计算 Γ_{GH} 的穿越次数 N 时，应注意不计及 Γ_{GH} 穿越 $(-1, j0)$ 点的次数。

2. 稳定裕度

频域的相对稳定性即稳定裕度，它常用相角裕度 γ 和幅值裕度 h 来度量，以下是相角裕度 γ 和幅值裕度 h 的定义。

1）相角裕度 γ

设 ω_c 为系统的截止频率：

$$A(\omega_c) = |G(j\omega_c)H(j\omega_c)| = 1$$

定义相角裕度为

$$\gamma = 180° + \angle G(j\omega_c)H(j\omega_c)$$

相角裕度 γ 的含义是，对于闭环稳定系统，如果系统开环相频特性再滞后 γ 度，则系统将处于临界稳定状态。

2）幅值裕度 h

设 ω_x 为系统的穿越频率：

$$\varphi(\omega_x) = \angle G(j\omega_x)H(j\omega_x) = (2k+1)\pi, \ k = 0, \pm 1, \cdots$$

定义幅值裕度为

$$h = \frac{1}{|G(j\omega_x)H(j\omega_x)|}$$

幅值裕度 h 的含义是，对于闭环稳定系统，如果系统开环幅频特性再增大 h 倍，则系统将处于临界稳定状态。

对数坐标下，幅值裕度按下式定义：

$$h = -20\lg|G(j\omega_x)H(j\omega_x)| \quad (\text{dB})$$

3. 由频率特性确定传递函数

根据实验求取的系统开环频率特性确定开环传递函数步骤如下：

（1）将用实验方法获取的波特图用斜率为 $\pm 20v\text{dB/dec}(v=0, 1, 2, \cdots)$ 的直线段近似，此即对数幅频特性的渐近线。

（2）根据低频段对数幅频特性的斜率确定系统开环传递函数中含有串联积分环节的个数。若有 v 个积分环节，则低频渐近线的斜率即为 $-20v\text{dB/dec}$。

（3）根据在 0 dB 轴以上部分的对数幅频特性的形状与相应的分贝值、频率值确定系统的开环增益值 K。

（4）根据对数幅频特性渐近线在交接频率处的斜率变化，确定系统的串联环节。

（5）进一步根据最小相位系统对数幅频特性的斜率与相频特性之间的单值对应关系检验系统是否串联有滞后环节，或修正渐近线。

实验内容

已知系统的结构图和模拟电路图如图 5-4 和图 5-5 所示，系统的开环传递函数为
$G(s) = \dfrac{K}{s^2 + 10s + 100}$，其中 $K = 100$。

（1）绘制波特图，程序如下：

```
num＝[100]；                    %建立系统多项式模型
den＝[1 10 100]；
sys＝tf(num, den)；
bode(sys)；                     %函数 bode( )用来绘制系统波特图
[h, r, wg, wc]＝margin(sys)     %函数 margin( )用来求系统的频率特性参数
```

运行程序，记录幅值裕度、相角裕度、截止频率和穿越频率等频率特性参数如下：

```
h＝
    Inf
r＝
    90
wg＝
    Inf
wc＝
    10.0000
```

然后判断系统的稳定性。

（2）在波特图上标出低频段斜率、高频段斜率、中频段穿越斜率、开环截止频率、
-180°线的穿越频率及低频段、高频段的渐近相位角。用鼠标点击波特图曲线上相应的
点，即可看到该点对应的频率和相位，如图 5-11 所示。

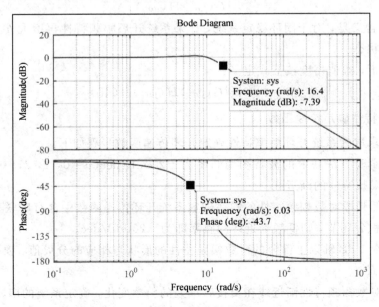

图 5-11　系统波特图

（3）在图上作近似折线特性，并与原准确特性相比较。具体操作为：在"Figure"窗口选

择"Insert Line"("插入直线")命令，然后按住鼠标左键，在波特图上需要添加直线的地方拖动鼠标，即可在相应位置画出直线。

（4）改变 K 的取值，分别令 $K=10$、100、500，作出波特图，比较分析 K 的变化对开环对数幅频和相频特性曲线的影响。MATLAB 程序如下：

```
s=tf('s');                                    %定义拉氏变量 s
K=[10 100 500];                               %K 矩阵，包含 K 可取的 3 个值
figure(1)                                     %打开作图窗口 1
for i=1:3
sys(i)=tf(K(i)/(s^2+10*s+100));
end
bode(sys(1),'r',sys(2),'b',sys(3),'g')        %在同一窗口用不同颜色绘出不同 K 对应的波
                                                特图
grid;                                         %加上网格
```

不同 K 值时系统的波特图如图 5-12 所示。可见，随着 K 值增加，系统幅频特性向上平移，相频特性不变，即 K 值只改变系统幅频特性的起点，不改变其形状，且对相频特性无影响。

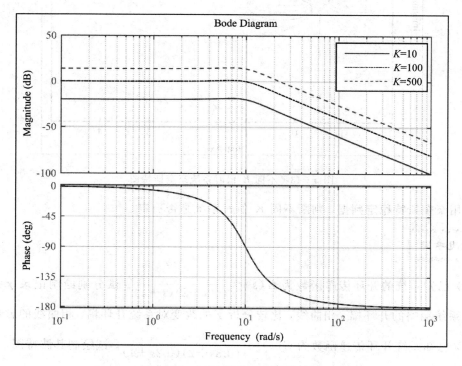

图 5-12　不同 K 值时系统波特图

（5）改变 K 值，绘制系统的 Nyquist 曲线，比较分析 K 变化对奈奎斯特曲线的影响。MATLAB 程序如下：

```
s=tf('s');
K=[10 100 500];
figure(1)
```

```
hold on
for i=1:3
    sys(i)=tf(K(i)/(s^2+10*s+100));
end
nyquist(sys(1),'r',sys(2),'b',sys(3),'g')
```

运行结果如图 5-13 所示。可见,改变 K 值不会改变奈奎斯特曲线的形状,只改变幅值的大小,从而改变曲线包围的区域。

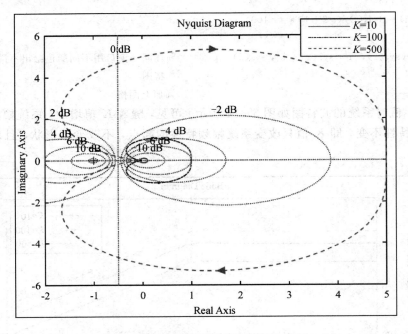

图 5-13 不同 K 值时系统奈奎斯特图

采用奈奎斯特稳定判据,判断不同 K 值时系统是否稳定。

实验思考题

(1)已知系统的开环传递函数为 $G(s)=\dfrac{1}{s^{\gamma}(s+2)(s+3)}$。试分别绘制记录 $\gamma=1,2,3,4$ 时系统粗略的开环幅、相曲线,比较分析 γ 的改变对系统开环幅、相曲线的影响。

(2)已知系统开环传递函数为 $G(s)=\dfrac{2}{s(0.3s+2)(0.2s+1)}$。试绘制其波特图,求相角裕度和幅值裕度,并分析系统的稳定性。

(3)已知某单位负反馈系统的传递函数为 $G(s)=\dfrac{K}{s(s+1)(s+2)}$。

① 当 $K=4$ 时,计算系统的增益裕度、相位裕度,在波特图上标注低频段斜率、高频段斜率及低频段、高频段的渐近相位角。

② 分析系统对数频率稳定性。

实验报告要求

（1）由"实验内容"的详细过程，包括根据开环波特图分析系统稳定性和利用奈奎斯特判据分析稳定性。

（2）根据"实验内容"中当 $K=100$ 时绘制的波特图，确定传递函数。

第 6 章　控制系统的校正

6.1　校正的基本知识

6.1.1　校正方式

按照校正装置在系统中的连接方式，控制系统的校正方式可分为串联校正、反馈校正、前馈校正和复合校正四种。

串联校正装置一般接在系统误差测量点之后和放大器之前，串接于系统前向通道之中；反馈校正装置接在系统局部反馈通道之中。串联校正与反馈校正连接方式如图 6 - 1 所示。

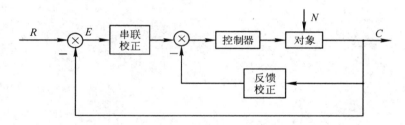

图 6 - 1　串联校正与反馈校正

串联校正的优点是分析简单，应用范围广，易于理解、接受。

反馈校正常用于系统中高功率点传向低功率点的场合，一般无附加放大器，所以所要元件比串联校正少。另一个突出优点是：只要合理地选取校正装置参数，可消除原系统中不可变部分参数波动对系统性能的影响。

前馈校正又称顺馈校正，是在系统主反馈回路之外采用的校正方式。前馈校正装置接在系统给定值（或指令、参考输入信号）之后及主反馈作用点之前的前向通道上，这种校正方式的作用相当于对给定值信号进行整形或滤波后，再送入反馈系统；另一种前馈校正装置接在系统可测扰动作用点与误差测量点之间，对扰动信号进行直接或间接测量，并经变换后接入系统，形成一条附加的对扰动影响进行补偿的通道。前馈校正可以单独作用于开环控制系统，也可以作为反馈控制系统的附加校正而组成复合控制系统。

复合校正方式是在反馈控制回路中加入前馈校正通路组成一个有机整体。

在控制系统设计中，常用的校正方式为串联校正和反馈校正两种。究竟选用哪种校正方式，取决于系统中的信号性质、技术实现的方便性、可供选用的元件、抗扰性要求、经济性要求、环境使用条件以及设计者的经验等因素。在特殊的系统中，常常同时采用串联、反馈和前馈校正。

6.1.2　校正装置的分类

校正装置从自身有无放大能力来分类,可分为无源校正装置和有源校正装置。

无源校正装置:自身无放大能力,通常由 RC 网络组成,在信号传递中,会产生幅值衰减,且输入阻抗低、输出阻抗高,常需要引入附加的放大器,补偿幅值衰减和进行阻抗匹配。无源串联校正装置通常被安置在前向通道中能量较低的部位上。

有源校正装置:常由运算放大器和 RC 网络共同组成,该装置自身具有能量放大与补偿能力,且易于进行阻抗匹配,所以使用范围与无源校正装置相比要广泛得多。

6.1.3　基本控制规律

包括校正装置在内的控制器,常常采用比例、微分、积分等基本控制规律,或者采用这些基本控制规律的某些组合,如比例-微分、比例-积分、比例-积分-微分等组合控制规律,以实现对被控对象的有效控制。

1. 比例(P)控制规律

具有比例控制规律的控制器,称为 P 控制器。在信号变换过程中,比例控制规律只改变信号的增益而不影响其相位。在串联校正中,加大控制器增益 K_p,可以提高系统的开环增益,减小系统稳态误差,从而提高系统的控制精度,但会降低系统的相对稳定性,甚至可能造成闭环系统不稳定。因此,在系统校正设计中,很少单独使用比例控制规律。

2. 比例-微分(PD)控制规律

具有比例-微分控制规律的控制器,称为 PD 控制器,其输出 $m(t)$ 与输入 $e(t)$ 的关系如下:

$$m(t) = K_p e(t) + K_p \tau \frac{\mathrm{d}e(t)}{\mathrm{d}t} \qquad (6-1)$$

式中,K_p 为比例系数,τ 为微分时间常数。K_p 和 τ 都是可调的参数。PD 控制器中的微分控制规律能反映输入信号的变化趋势,产生有效的早期修正信号,以增加系统的阻尼程度,从而改善系统的稳定性。在串联校正时,系统增加一个 $-1/\tau$ 的开环零点,使系统的相角裕度提高,因而有助于系统动态性能的改善。

需要指出的是,因为微分控制只对动态过程起作用,而对稳态过程没有影响,且对系统噪声非常敏感,所以单一的 D 控制器在任何情况都不宜与被控对象串联起来单独使用。通常,微分控制规律总是与比例控制规律或者比例-积分控制规律结合起来构成 PD 或 PID 控制器,应用于实际的控制系统。

3. 积分(I)控制规律

具有积分控制规律的控制器,称为 I 控制器。I 控制器的输出信号 $m(t)$ 与其输入信号 $e(t)$ 的积分成正比,即

$$m(t) = K_i \int_0^t e(t) \mathrm{d}t \qquad (6-2)$$

其中,K_i 为可调比例系数。由于 I 控制器的积分作用,当其输入 $e(t)$ 消失后,输出信号

$m(t)$有可能是一个不为零的常量。

当串联校正时，采用 I 控制器可以提高系统的型别（无差度），有利于提高系统的稳态性能，但积分控制使系统增加了一个位于原点的开环极点，信号产生 90°的相角滞后，不利于系统的稳定性。因此，在控制系统的校正设计中，通常不宜采用单一的 I 控制器。

4. 比例-积分(PI)控制规律

具有比例-积分控制规律的控制器，称 PI 控制器，其输出信号$m(t)$同时成比例地反映输入信号 $e(t)$及其积分，即

$$m(t) = K_p e(t) + \frac{K_p}{T_i} \int_0^t e(t) \mathrm{d}t \qquad (6-3)$$

式中，K_p为可调比例系数；T_i为可调积分时间常数。

当串联校正时，PI 控制器相当于在系统中增加了一个位于原点的开环极点，同时也增加了一个位于 s 左半平面的开环零点。位于原点的极点可以提高系统的型别，以消除或减小系统的稳态误差，改善系统的稳态性能；而增加的负实零点则用来减小系统的阻尼程度，缓和 PI 控制器极点对系统稳定性及动态过程产生的不利影响。只要积分时间常数 T 足够大，PI 控制器对系统稳定性的不利影响可大为减弱。在控制工程实践中，PI 控制器主要用来改善控制系统的稳态性能。

5. 比例-积分-微分(PID)控制规律

具有比例-积分-微分控制规律的控制器，称 PID 控制器。其运动方程为

$$m(t) = K_p e(t) + \frac{K_p}{T_i} \int_0^t e(t) \mathrm{d}t + K_p \tau \frac{\mathrm{d}e(t)}{\mathrm{d}t} \qquad (6-4)$$

当利用 PID 控制器进行串联校正时，除可使系统的型别提高一级外，还将提供两个负实零点。与 PI 控制器相比，PID 控制器除了同样具有提高系统的稳态性能的优点外，还多提供一个负实零点，从而在提高系统动态性能方面具有更大的优越性。因此，在工业过程控制系统中，广泛使用 PID 控制器。PID 控制器各部分参数的选择在系统现场调试中最后确定。通常，应使积分(I)部分发生在系统频率特性的低频段，以提高系统的稳态性能；而使微分(D)部分发生在系统频率特性的中频段，以改善系统的动态性能。

6.2　实　验　项　目

6.2.1　系统的串联超前校正

实验目的

(1) 了解串联超前校正环节对系统稳定性及过渡过程的影响。

(2) 通过实验掌握用频率特性法分析自动控制系统的动态特性。

(3) 掌握串联校正装置的设计方法和参数调试技术。

(4) 掌握设计给定系统的超前校正环节的方法。

（1）预习校正方式、常用校正装置及特性、基本控制规律。

（2）预习频域法设计无源超前校正网络的原理和步骤。

利用超前网络或 PD 控制器进行串联校正的基本原理是利用超前网络或 PD 控制器的相角超前特性。只要正确地将超前网络的交接频率 $1/aT$ 和 $1/T$ 选在待校正系统截止频率的两旁，并适当选择参数 a 和 T，就可以使已校正系统的截止频率和相角裕度满足性能指标的要求，从而改善闭环系统的动态性能。闭环系统的稳态性能要求，可通过选择已校正系统的开环增益来保证。用频域法设计无源超前网络的步骤如下：

（1）根据稳态误差要求，确定开环增益 K。

（2）利用已确定的开环增益，计算待校正系统的相角裕度。

（3）根据截止频率 ω_c'' 的要求，计算超前网络参数 a 和 T。在本步中，关键是选择最大超前角频率等于要求的系统截止频率，即 $\omega_m = \omega_c''$，以保证系统的响应速度并充分利用网络的相角超前特性。显然，$\omega_m = \omega_c''$ 成立的条件是

$$-L'(\omega_c'') = L_c(\omega_m) = 10\lg a \qquad (6-5)$$

根据上式不难求出 a 值，然后由

$$T = \frac{1}{\omega_m \sqrt{a}} \qquad (6-6)$$

确定 T 值。

（4）验算已校正系统的相角裕度 γ''。由于超前网络的参数是根据满足系统截止频率要求选择的，因此相角裕度是否满足要求，必须验算。验算时根据式（6-7）由已知 a 值求得 φ_m 值，再由已知的 ω_c'' 算出待校正系统在 ω_c'' 时的相角裕度 $\gamma(\omega_c'')$。如果待校正系统为非最小相位系统，则 $\gamma(\omega_c'')$ 由作图法确定。最后按式（6-8）算出：

$$\varphi_m = \arctan \frac{a-1}{2\sqrt{a}} = \arcsin \frac{a-1}{a+1} \qquad (6-7)$$

$$\gamma'' = \varphi_m + \gamma''(\omega_c'') \qquad (6-8)$$

当验算结果 γ'' 不满足指标要求时，需重选 ω_m 值，一般使 $\omega_m(=\omega_c'')$ 值增大，然后重复以上计算步骤。

一旦完成校正装置设计后，需要进行系统实际调校工作或者进行计算机仿真以检查系统的时间响应特性。这时，需将系统建模时省略的部分尽可能加入系统，以保证仿真结果的逼真度。如果由于系统各种固有非线性因素影响，或者系统噪声和负载效应等因素的影响，使已校正系统不能满足全部性能指标要求，则需要适当调整校正装置的形式或参数，直到已校正系统满足全部性能指标为止。

【实验 6-1】　设控制系统为单位负反馈系统，开环传递函数为 $G(s) = \dfrac{K}{s(s+1)}$。若要

求系统在单位斜坡输入信号作用时，位置输出稳态误差 $e_{ss} \leqslant 0.1$ rad，开环系统截止频率 $\omega_c'' \geqslant 4.4$ rad/s，相角裕度 $\gamma'' \geqslant 45°$，幅值裕度 $h'' \geqslant 10$ dB，试设计串联无源超前网络。

1. 对已知系统进行串联超前校正环节的理论设计

(1) 首先调整开环增益，因为 $e_{ss}(\infty) = \dfrac{1}{K} \leqslant 0.1$，故取 $K = 10(\text{rad})^{-1}$，则待校正系统开环传递函数为

$$G(s) = \frac{10}{s(s+1)}$$

上式代表最小相位系统，需要画出其对数幅频渐近特性，求得待校正系统的 $\omega_c' = 3.1$ rad/s，算出待校正系统的相角裕度为

$$\gamma = 180° - 90° - \arctan\omega_c' = 17.9°$$

而二阶系统的幅值裕度必为 $+\infty$ dB。相角裕度小的原因是待校正系统的对数幅频特性中频区的斜率为 -40 dB/dec。由于截止频率和相角裕度均低于指标要求，故采用串联超前校正是合适的。

(2) 计算超前网络参数。选 $\omega_m = \omega_c'' = 4.4$ rad/s，查得 $L'(\omega_c'') = -6$ dB，于是算得 $a = 4$，$T = 0.114$ s。因此，超前网络传递函数为 $4G_c(s) = \dfrac{1 + 0.456s}{1 + 0.114s}$。

(3) 确定校正后系统的开环传递函数，然后分析校正后系统的对数幅频特性和对数相频特性，性能指标是否满足设计要求。

2. MATLAB 仿真设计

(1) 采用 MATLAB 编程完成超前校正网络的设计。

```
% 自定义函数 modtraget( )用来满足稳态误差要求的开环增益
function [sysopen, kc] = modtraget(sysold, kd)    % Kd 为系统的期望增益
sys = zpk(sysold);                                 % 建立原系统零极点模型
[z, p, k] = zpkdata(sys, 'v');                      % 求出原系统的开环零极点
ind = find(p~=0);                                   % 找出所有不等于 0 的开环极点
p1 = zeros(1, length(ind));                         % 定义行向量 p₁
for i = 1:length(ind)                               % p₁ 中元素为各不等于 0 的开环极点
p1(i) = p(ind(i));
end

sys1 = zpk(z, p1, k);                               % 原点处没有开环极点的系统
[num, den] = tfdata(sys1, 'v');                     % 求上一步系统的分子、分母多项式
k1 = polyval(num, 0)/polyval(den, 0);              % 根据定义求速度误差系数 k₁
kc = kd/k1;                                          % 校正装置提供的增益
sysopen = kc * sys;                                 % 满足稳态误差要求的系统开环传递函数


% 自定义函数 leadcmpst(用来求出超前校正装置的传递函数)
function[modelcompensator, Wcnew, Wcold, alpha] = leadcmpst(sysopen, Pmd)
```

```
[Gmo, Pmo, wcgo, wcpo]＝margin(sysopen);
phacmp＝Pmd－Pmo＋5;
phc＝phacmp * pi/180;
alpha＝(1－sin(phc))/(1＋sin(phc));
Gaincmp＝10 * log10(alpha);
[mag, phase, W]＝bode(sysopen);
[l, n, c]＝size(mag);
mag1＝zeros(c, 1);
for i＝1:c
    mag1(i)＝20 * log10(mag(1, 1, i));
end
Wcold＝wcpo
Wcnew＝interp1(mag1, W, Gaincmp, 'spline');


Zc＝Wcnew * sqrt(alpha);
Pc＝Zc/alpha;
modelcompensator＝zpk(－Zc, －Pc, 1/alpha);
```

主程序:
```
%输入系统期望性能
Gmd＝10;
Pmd＝45;
ess＝0.1;
kv＝1/ess


%设计超前装置
disp('原系统模型');
sys＝zpk([], [0, －1], 1)
disp('满足稳态误差要求的开环系统模型');
[sysopen, kc]＝modtraget(sys, kv);
sysopen
disp('校正环节模型');
[Cmp, Wcnew, Wcold, alpha]＝leadcmpst(sysopen, Pmd);
Cmp
disp('校正后系统模型');
sysnew＝Cmp * sysopen
figure(1)
clf
sysclose1＝feedback(sysopen, 1);
sysclose2＝feedback(sysnew, 1);
step(sysclose1, 'r:', sysclose2, 'b')
figure(2)
clf
bode(sysclose1, 'r:', sysclose2, 'b')
```

（2）运行结果如下：

系统单位阶跃响应曲线如图6-2所示，由图可知，所设计的超前校正装置改善了系统的动态和稳态性能，满足设计要求。根据图6-3所示系统的波特图，可验证设计的校正环节为超前校正环节。

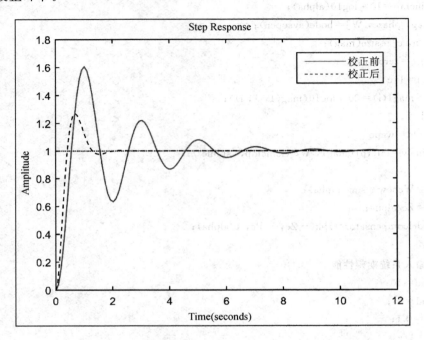

图6-2　串联超前校正前后系统单位阶跃响应曲线

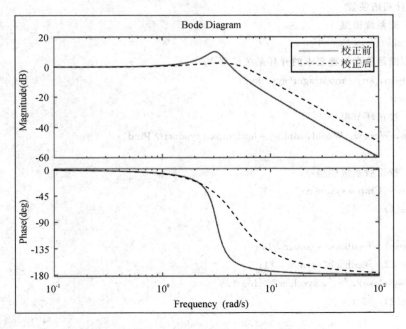

图6-3　串联超前校正前后系统波特图

（3）实验结果分析如下：

写出用 MATLAB 求得的串联超前校正过程的系统模型以及串联超前校正环节的传递函数，填入表 6‑1 中；用 MATLAB 求出校正前与校正后系统的频域性能指标（相角裕度、幅值裕度和开环截止频率）和时域性能指标，并分别填入表 6‑2 和表 6‑3 中；请根据校正前后系统的时域和频域性能指标，具体说明串联超前校正后系统的动态性能和稳态性能有何改善。

表 6‑1　串联超前校正过程系统模型

原系统模型	满足稳态误差要求的开环系统模型	校正环节传递函数	校正后系统模型

表 6‑2　串联超前校正前后系统频域性能指标

	开环截止频率/(rad·s⁻¹)	幅值裕度/dB	相角裕度/(°)
校正前			
校正后			

表 6‑3　串联超前校正前后系统时域性能指标

	超调量	调节时间/s	峰值时间/s	是否稳定
校正前				
校正后				

【课外实验】　已知单位负反馈系统的开环传递函数为 $G(s)=\dfrac{K}{s(0.1s+1)}$，试用 MATLAB 设计一个超前校正装置，使校正后系统的静态速度误差系数 $K_v=100$，幅值裕度 $h\geqslant10$ dB，相角裕度 $\gamma\geqslant55°$，做出校正前后系统的单位阶跃响应曲线和波特图，记录校正前后系统的时域和频域性能指标，分析校正后系统性能有何改善。

实验思考题

（1）开环频率特性的低频段、中频段和高频段分别表征了闭环系统哪方面的性能？

（2）线性控制系统中，常用的校正装置设计方法有哪两种？频率响应法校正一般适用于什么系统？

（3）串联超前校正对开环截止频率、闭环系统的带宽以及响应速度有何影响？

（4）什么情况下不宜采用超前校正？

（1）设计超前校正环节的理论过程，包括详细的分析、计算步骤。

（2）用 MATLAB 设计超前校正环节的程序及主要注释，做出校正前后系统时域响应曲线和波特图，记录校正前后系统的时域和频域性能指标。

（3）通过具体的指标分析超前校正前后系统的动态性能和稳态性能有何改善。

6.2.2　系统的串联滞后校正

实验目的

（1）对于给定的控制系统，设计满足性能指标要求的滞后校正环节。

（2）通过实验掌握频率法串联无源滞后校正的设计方法。

（3）研究串联滞后校正环节对系统的动态过程及稳定性的影响。

预习要求

（1）串联无源滞后校正的原理。

（2）频域法设计无源超前校正网络的步骤。

实验原理

参考胡寿松教材关于频域法设计串联滞后校正环节的原理及步骤。

实验内容与步骤

【实验 6-2】　已知单位负反馈系统，开环传递函数为 $G(s)=\dfrac{K}{s(0.1s+1)(0.2s+1)}$，若要求校正后它的静态速度误差系数等于 $30\mathrm{s}^{-1}$，相角裕度不低于 $40°$，幅值裕度不小于 $10\ \mathrm{dB}$，截止频率不小于 $2.3\ \mathrm{rad/s}$，试设计串联校正装置。

1. 对已知系统进行串联滞后校正环节的理论设计

（1）首先确定开环增益 K，由于 $K_v=\lim\limits_{s\to0}sG(s)=K=30\mathrm{s}^{-1}$，故待校正系统的开环传递函数为 $G(s)=\dfrac{30}{s(1+0.1s)(1+0.2s)}$。画出待校正系统的对数幅频渐近特性曲线，算出相角裕度。判断待校正系统是否稳定，性能指标是否满足要求。

（2）此种情况下，采用串联超前校正是无效的，请说明原因。

（3）采用串联滞后校正可以满足性能指标要求，请求出滞后网络的传递函数。

（4）求出校正后系统的开环传递函数，校验频率性能指标是否满足要求。

2. MATLAB 仿真设计

（1）首先，自行用 MATLAB 编程求出串联滞后校正装置的传递函数。

（2）作出加入校正环节前后系统的单位阶跃响应曲线和波特图。

程序如下：

```
s＝tf('s');
G0＝30/(s * (0.1 * s＋1) * (0.2 * s＋1));
Gc＝(1＋3.7 * s)/(1＋41 * s);
Gopen＝[G0 G0 * Gc];
for i＝1:2
    Gclose(i)＝feedback(Gopen(i)，1，－1);
end
figure(1)
step(Gclose(1)，'r', Gclose(2)，'g')
figure(2)
bode(Gopen(1)，'r')
[h1，r1，wg1，wc1]＝margin(Gopen(1))          ％函数 margin( )用来求系统的频率特性参数
hold on
bode(Gopen(2)，'k－－')
[h2，r2，wg2，wc2]＝margin(Gopen(2))          ％函数 margin( )用来求系统的频率特性参数
legend('校正前','校正后');
```

运行以上程序，得到校正前后系统的单位阶跃响应曲线和波特图分别如图 6－4 和图 6－5 所示。

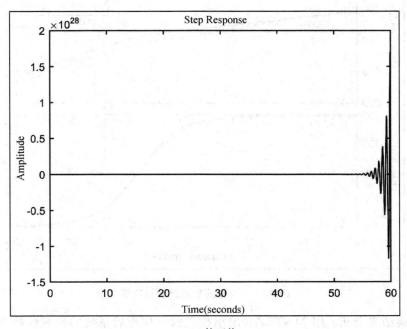

(a) 校正前

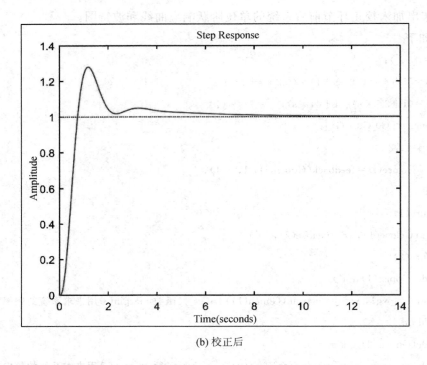

(b) 校正后

图 6 - 4　串联滞后校正前后系统的单位阶跃响应

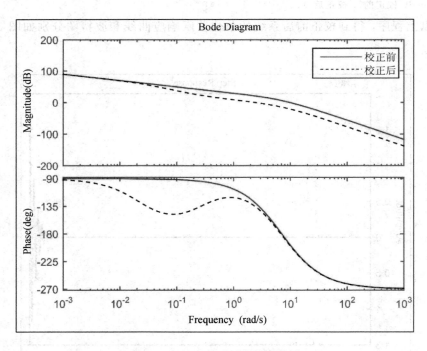

图 6 - 5　校正前后系统的波特图

（3）实验结果分析：用 MATLAB 求出校正前与校正后系统的频域性能指标（相角裕度、幅值裕度和开环截止频率）和时域性能指标，并分别填入表 6 - 4 和表 6 - 5 中；请根据校正前后系统的时域和频域性能指标,具体说明串联滞后校正后系统的动态性能和稳态性能有何改善。

表 6 - 4　串联滞后校正前后系统频域性能指标

	开环截止频率/(rad · s^{-1})	幅值裕度/dB	相角裕度/(°)
校正前			
校正后			

表 6 - 5　串联滞后校正前后系统时域性能指标

	超调量	调节时间/s	峰值时间/s	是否稳定
校正前				
校正后				

【课外实验】　单位反馈系统的开环传递函数为 $G(s) = \dfrac{40}{s(0.2s+1)(0.0625s+1)}$,要求校正后系统的幅值裕度为 35 dB,相角裕度为 50°,试用 MATLAB 设计串联滞后校正装置,做出校正前后系统的单位阶跃响应曲线和波特图,记录校正前后系统的时域和频域性能指标,分析校正后系统性能有何改善。

实验思考题

(1) 滞后校正的原理是什么?
(2) 滞后校正对改善系统性能有什么作用?在什么情况下不宜采用滞后校正?

实验报告要求

(1) 滞后校正环节的理论设计过程,包括详细的分析与计算步骤。
(2) 用 MATLAB 设计滞后校正环节的程序及主要注释,做出校正前后系统时域响应曲线和波特图,记录校正前后系统的时域和频域性能指标。
(3) 通过具体的指标分析滞后校正前后系统的动态性能和稳态性能有何改善。

6.2.3　系统的串联滞后-超前校正

实验目的

(1) 对于给定的控制系统,设计满足性能指标要求的串联滞后-超前校正环节。
(2) 通过实验掌握频率法串联无源滞后-超前校正的设计方法。
(3) 研究串联滞后-超前校正环节对系统的动态过程及稳定性的影响。

（1）预习串联滞后-超前校正的原理。

（2）预习频域法设计串联滞后-超前校正网络的步骤。

实验原理

参考胡寿松教材关于设计串联滞后-超前校正环节的原理及步骤。

实验内容与步骤

【实验 6-3】　设待校正系统的开环传递函数为

$$G_0(s)=\frac{K_v}{s\left(\frac{1}{6}s+1\right)\left(\frac{1}{2}s+1\right)}$$

要求设计校正装置，使系统满足下列性能指标：

（1）在最大指令速度为 $180°/s$ 时，位置滞后误差不超过 $1°$；

（2）相角裕度为 $45°\pm3°$；

（3）幅值裕度不低于 10 dB；

（4）动态过程调节时间不超过 3 s。

1. 理论设计过程

（1）首先确定开环增益，取 $K=K_v=180\text{ s}^{-1}$，故待校正系统的开环传递函数为

$$G_0(s)=\frac{180}{s\left(\frac{1}{6}s+1\right)\left(\frac{1}{2}s+1\right)}$$

然后画出待校正系统的对数幅频渐近特性曲线，求出开环截止频率 $\omega_c'=12.6\text{ rad/s}$、相角裕度 $\gamma=-55.5°$ 和幅值裕度 $h=-30\text{ dB}$，并判断待校正系统是否稳定。

（2）学生自行思考应采用何种校正方式，并说明原因。

（3）求出滞后-超前校正网络的传递函数为 $G_c(s)=\frac{(1+1.28s)(1+0.5s)}{(1+64s)(1+0.01s)}$，写出求滞后-超前校正网络传递函数的详细过程。

（4）求出校正后系统的开环传递函数，校验频率性能指标是否满足要求。

2. MATLAB 仿真设计

（1）首先，自行用 MATLAB 编程求出串联滞后-超前校正装置的传递函数。

（2）作出加入滞后-超前校正环节前后系统的波特图和单位阶跃响应。

程序如下：

```
s=tf('s');
```

```
G0＝180/(s * (0.167 * s＋1) * (0.5 * s＋1));
Gc＝((1＋1.28 * s) * (1＋0.5 * s))/((1＋64 * s) * (1＋0.01 * s));
Gopen＝[G0 G0 * Gc];
for i＝1:2
     Gclose(i)＝feedback(Gopen(i), 1, −1);
end
figure(1)
step(Gclose(1), 'r')
set(gca, 'XColor', 'k', 'YColor', 'k');          %设置图形坐标轴颜色为黑色
figure(2)
bode(Gopen(1), 'b –', Gopen(2), 'k --')
legend('校正前', '校正后');
figure(3)
step(Gclose(2), 'g')
set(gca, 'XColor', 'k', 'YColor', 'k');          %设置图形坐标轴颜色为黑色
[h1, r1, wg1, wc1]＝margin(Gopen(1))             %函数 margin( )用来求系统的频率特性参数
[h2, r2, wg2, wc2]＝margin(Gopen(2))             %函数 margin( )用来求系统的频率特性参数
```

运行以上程序，得到串联滞后-超前校正前后系统的单位阶跃响应和波特图分别如图 6-6 和图 6-7 所示。

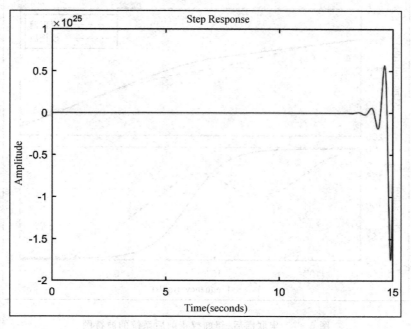

(a) 校正前

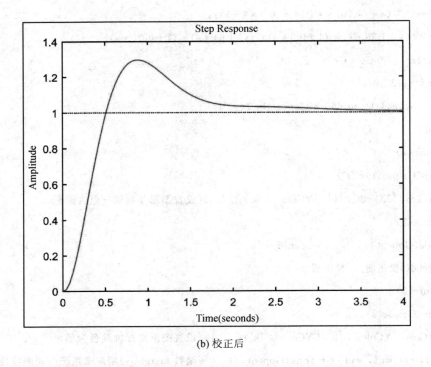

(b) 校正后

图 6 - 6　串联滞后-超前校正前后系统的单位阶跃响应

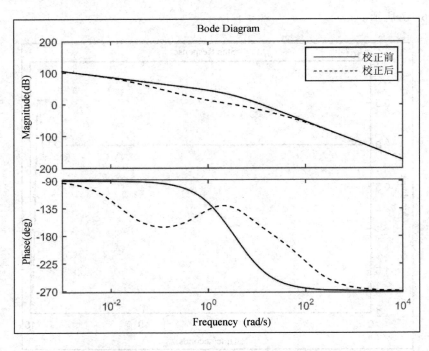

图 6 - 7　串联滞后-超前校正前后系统的波特图

（3）实验结果分析：用 MATLAB 求出校正前与校正后系统的频域性能指标（相角裕度、幅值裕度和开环截止频率）和时域性能指标，并分别填入表 6－6 和表 6－7 中；请根据校正前后系统的时域和频域性能指标，具体说明串联滞后–超前校正后系统的动态性能和稳态性能有何改善。

表 6－6　串联滞后–超前校正前后系统频域性能指标

	开环截止频率/(rad·s⁻¹)	幅值裕度/dB	相角裕度/(°)
校正前			
校正后			

表 6－7　串联滞后–超前校正前后系统时域性能指标

	超调量	调节时间/s	峰值时间/s	是否稳定
校正前				
校正后				

【课外实验】　单位反馈系统的开环传递函数为 $G(s)=\dfrac{8}{s(2s+1)}$，若采用滞后–超前校正装置 $G_c(s)=\dfrac{(10s+1)(2s+1)}{(100s+1)(0.2s+1)}$ 对系统进行校正，试用 MATLAB 绘制校正前后系统的单位阶跃响应曲线和波特图，记录校正前后系统的时域和频域性能指标，分析校正后系统性能有何改善。

实验思考题

（1）滞后–超前校正对改善系统性能有什么作用？

（2）在什么情况下宜采用滞后–超前校正？

实验报告要求

（1）滞后–超前校正环节的理论设计过程，包括详细的分析与计算步骤。

（2）用 MATLAB 设计滞后–超前校正环节的程序及主要注释，做出校正前后系统时域响应曲线和波特图，记录校正前后系统的时域和频域性能指标。

（3）通过具体的指标分析滞后–超前校正前后系统的动态性能和稳态性能有何改善。

6.2.4　系统的串联综合校正

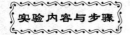

（1）掌握连续系统的串联综合法设计过程。
（2）学会根据期望的时域性能指标推导出二阶系统的串联校正环节的传递函数。
（3）用串联综合法设计给定系统的校正环节，并用模拟电路实验进行验证。
（4）学会用 Simulink 对系统进行仿真。

预习要求

（1）预习串联综合法校正的原理。
（2）预习典型形式的期望对数幅频特性的求法。

实验原理

综合校正方法将性能指标要求转化为期望开环对数幅频特性，再与待校正系统的开环对数幅频特性比较，从而确定校正装置的形式和参数。该方法适用于最小相位系统，设系统开环频率特性为

$$G(j\omega)=G_c(j\omega)G_0(j\omega)$$

根据性能指标要求，可以拟定参数规范化的开环期望对数幅频特性为 $20\lg|G(j\omega)|$，则串联校正装置的对数幅频特性为

$$20\lg|G_c(j\omega)|=20\lg|G(j\omega)|-20\lg|G_0(j\omega)|$$

时域串联综合校正法则是由期望的时域性能指标求出校正环节的开环传递函数，然后得到校正后系统的开环传递函数和闭环传递函数。

实验内容与步骤

【**实验 6-4**】　已知二阶系统的开环传递函数为

$$G(s)=\frac{20}{s(0.5s+1)}$$

其结构框图和对应的模拟电路分别如图 6-8 和图 6-9 所示，要求对系统进行串联校正，使系统的性能指标满足：超调量 $\sigma\%\leqslant25\%$，调节时间 $t_s\leqslant1$ s，静态速度误差系数 $K_v\geqslant20s^{-1}$。

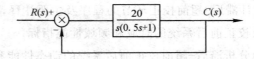

图 6-8　二阶系统的结构框图

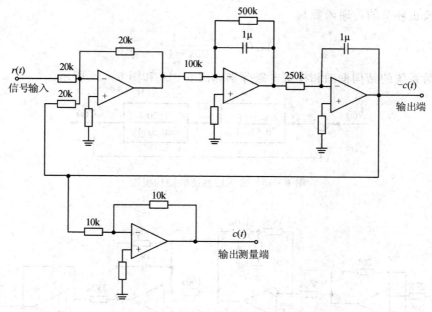

图 6-9 二阶系统的模拟电路

1. 理论设计过程

（1）由开环传递函数可知，系统的闭环传递函数为

$$\Phi(s) = \frac{40}{s^2 + 2s + 40}$$

系统的特征量为 $\xi = 0.158$，$\omega_n = 6.32$。系统的性能指标为 $\sigma\% = 60\%$，$t_s = 4s$，静态速度误差系数 $K_v = 20\mathrm{s}^{-1}$。

（2）串联校正环节的理论推导。

由公式 $\sigma\% = \mathrm{e}^{\frac{-\xi\pi}{\sqrt{1-\xi^2}}} \leqslant 25\%$，$t_s = \dfrac{4}{\xi\omega_n} \leqslant 1 \ \mathrm{s}$，可得 $\xi \geqslant 0.4$，$\omega_n \geqslant 10$。

假设校正后系统开环传递函数为 $G(s) = \dfrac{K}{s(Ts+1)}$，根据期望的静态速度误差系数

$e_{ss} = \lim\limits_{s \to 0} sG(s) = \lim\limits_{s \to 0} \dfrac{K}{Ts+1} \geqslant 20$，得 $K \geqslant 20$，则校正后系统的闭环传递函数为

$$\Phi(s) = \frac{\dfrac{20}{T}}{s^2 + \dfrac{1}{T}s + \dfrac{20}{T}}$$

故 $\omega_n^2 = \dfrac{20}{T}$，$\xi = \dfrac{1}{4\sqrt{5T}}$。取 $\xi = 0.5$，则 $T = 0.05 \ \mathrm{s}$，$\omega_n = 20$，满足 $\omega_n \geqslant 10$。

因此，校正后系统的开环传递函数为

$$G(s) = \frac{20}{s(0.05s+1)}$$

串联校正环节的传递函数为

$$G_c(s) = \frac{0.5s+1}{0.05s+1}$$

校正后系统的结构框图和模拟电路分别如图 6-10 和图 6-11 所示。

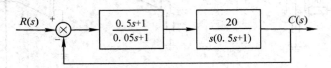

图 6-10　校正后系统的结构框图

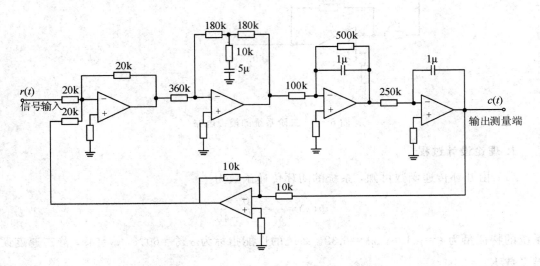

图 6-11　校正后系统的模拟电路

2. MATLAB 仿真

（1）作出加入校正环节前后系统单位阶跃响应曲线，参考程序如下：

```
s=tf('s');
G0=20/(s*(0.5*s+1));
Gc=(1+0.5*s)/(1+0.05*s);
Gopen=[G0 G0*Gc];
for i=1:2
    Gclose(i)=feedback(Gopen(i),1,-1);
end
figure(1)
step(Gclose(1),'k-',Gclose(2),'b--')
legend('校正前','校正后');
```

运行结果如图 6-12 所示。

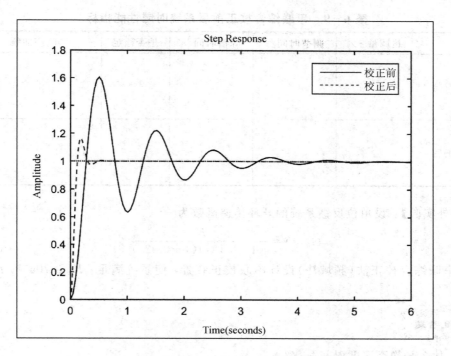

图 6 - 12　校正前后系统的单位阶跃响应

（2）请学生自行作出校正前后系统的波特图，并求出频域性能指标，记录于表 6 - 8 中。

表 6 - 8　串联综合校正前后系统频域性能指标

	开环截止频率/(rad · s⁻¹)	幅值裕度/dB	相角裕度/(°)
校正前			
校正后			

（3）请学生自行分析加入校正环节后对系统动态性能的改善。

3. Simulink 仿真

（自行完成，作出校正前后系统的单位阶跃响应曲线）

4. 模拟电路实验

（1）实验步骤如下：按图 6 - 9 所示的模拟电路图接线，将模拟单位阶跃信号（幅值为 1 V 的方波信号）接至模拟电路输入端，测量待校正系统的单位阶跃响应，记录待校正系统的时域性能指标；按图 6 - 11 所示的模拟电路图接线（即将校正环节串入待校正系统中），测量校正后系统的单位阶跃响应，记录校正后系统的时域性能指标。

（2）实验结果分析：将实验结果记录于表 6 - 9 中，并分析校正后系统性能是否满足要求以及系统动态性能有何改善。

表 6－9　串联综合校正前后系统时域性能指标

	超调量 σ%	调节时间/s	峰值时间/s	是否稳定	响应曲线
校正前					
校正后					

【课外实验】　设单位反馈系统的开环传递函数为

$$G_0(s)=\frac{K}{s(1+0.12s)(1+0.02s)}$$

要求用串联综合校正法（频域法）设计串联校正装置，使系统满足：$K_v \geqslant 70\text{s}^{-1}$，$t_s \leqslant 1\ \text{s}$，$\sigma\% \leqslant 40\%$。

实验思考题

（1）什么是静态速度误差系数？
（2）在什么情况下宜采用串联综合法校正？

实验报告要求

（1）完成"实验内容"。
（2）完成"实验思考题"。

第 7 章 线性离散系统的稳定性分析与校正

7.1 离散(采样)系统的基本知识

7.1.1 离散系统的基本概念

1. 连续系统与离散系统

如果控制系统中的所有信号都是时间变量的连续函数,换句话说,这些信号在全部时间上都是已知的,则这样的系统称为连续系统;如果控制系统中有一处或几处信号是一串脉冲或数码,即这些信号仅定义在离散时间上,则这样的系统称为离散系统。

通常,把系统中的离散信号是脉冲序列形式的离散系统,称为采样控制系统或脉冲控制系统;而把数字序列形式的离散系统,称为数字控制系统或计算机控制系统。

2. 模拟信号与采样信号

在采样系统中不仅有模拟部件,还有脉冲部件。通常,测量元件、执行元件和被控对象是模拟元件,其输入和输出是连续信号,即时间上和幅值上都连续的信号称为模拟信号;而控制器中的脉冲元件,其输入和输出为脉冲序列,即时间上离散而幅值上连续的信号,称为采样信号。

在连续信号和脉冲序列之间要用采样器,而在脉冲序列和连续信号之间要用保持器,以实现两种信号的转换。采样器和保持器是采样控制系统中两个特殊环节。

7.1.2 采样与保持

1. 采样过程

把连续信号变换为脉冲序列的装置称为采样器,又称采样开关。采样器的采样过程可以用一个周期性闭合的采样开关 S 来表示。假设采样器每隔 T 秒闭合一次,闭合的持续时间为 τ;采样器的输入 $e(t)$ 为连续信号;输出 $e^*(t)$ 为宽度等于 τ 的调幅脉冲序列,在采样瞬时 $nT(n=0, 1, 2, \cdots, \infty)$ 时出现。换句话说,当 $t=0$ 时,采样器闭合 τ 秒,此时 $e^*(t)=e(t)$;$t=\tau$ 以后,采样器打开,输出 $e^*(t)=0$;以后每隔 T 秒重复一次这种过程。显然,采样过程要丢失采样间隔之间的信息。

采样信号的频谱:采样信号 $e^*(t)$ 的频谱是连续信号频谱的周期延拓,延拓周期为采样角频率 ω_s,$\omega_s=2\pi/T$。

2. 香农采样定理

在设计离散系统时,香农采样定理是必须严格遵守的一条准则,因为它指明了从采样信号中不失真地复现原连续信号所必需的理论上的最大采样周期 T。

香农采样定理指出，如果采样器的输入信号 $e(t)$ 具有有限带宽，并且有直到 ω_h 的频率分量，则使信号 $e(t)$ 完满地从采样信号 $e^*(t)$ 中恢复过来的采样周期 T 满足下列条件：

$$T \leqslant \frac{2\pi}{2\omega_h} \qquad\qquad (7-1)$$

采样定理表达式(7-1)与 $\omega_s \geqslant 2\omega_h$ 是等价的。应当指出，香农采样定理只是给出了一个选择采样周期 T 或采样频率 f 的指导原则，它给出的是由采样脉冲序列无失真地再现原连续信号所允许的最大采样周期或最低采样频率。在控制工程实践中，一般总是取 $\omega_s > 2\omega_h$ 而不取恰好等于 $2\omega_h$ 的情形。

3. 采样周期的选取

在随动系统中，一般认为开环系统的截止频率 ω_c 与闭环系统的谐振频率 ω_r 相当接近，近似有 $\omega_c = \omega_r$，故在控制信号的频率分量中，超过 ω_c 的分量通过系统后将被大幅度衰减掉。工程实践表明，随动系统的采样角频率可近似取为 $\omega_s = 10\omega_c$。

因为 $T = 2\pi/\omega_s$，所以采样周期可以取为 $T = \pi/5\omega_c$。

从时域性能指标来看，采样周期 T 可通过单位阶跃响应的上升时间 t_r 或调节时间 t_s 按下列经验公式选取：$T = \dfrac{1}{10t_r}$ 或者 $T = \dfrac{1}{40t_s}$。

4. 零阶保持器

零阶保持器是常用的低通滤波器之一，特性接近理想滤波器。零阶保持器是将前一个采样时刻的采样值 $f(kT)$ 恒定地保持到下一个采样时刻 $(k+1)T$。也就是说在区间 $[kT, (k+1)T]$ 内零阶保持器的输出为常数。

可以认为零阶保持器在 $\delta(t)$ 作用下的脉冲响应 $h(t)$ 为单位阶跃函数 $1(t)$ 与 $1(t-T)$ 的叠加，即 $h(t) = 1(t) - 1(t-T)$。对 $h(t)$ 取拉氏变换，得到零阶保持器的传递函数为 $H(s) = \dfrac{1 - e^{-Ts}}{s}$。

7.2　实　验　项　目

7.2.1　离散系统的稳定性分析

实验目的

(1) 掌握香农定理，了解信号的采样保持与采样周期的关系。

(2) 掌握采样周期对采样系统的稳定性的影响。

(3) 学会分析离散系统的稳定性。

预习要求

(1) 预习离散系统的基本概念、采样与保持、香农定理。

（2）完成"理论分析"和"Simulink 仿真分析"的内容。

实验原理

1．离散系统闭环稳定

离散系统闭环稳定的充分必要条件是：闭环特征方程的根全部在 z 平面单位圆内。若存在闭环特征根在 z 平面单位圆上，则称离散系统临界稳定；若存在闭环特征根在 z 平面单位圆外，则称离散系统不稳定。

2．离散系统的稳定性判据

连续系统中的劳斯判据不能直接套用于离散系统，必须首先引入 z 域到 ω 域的线性变换，使 z 平面上单位圆内区域映射成 ω 平面上的左半平面。具体方法是：首先将离散系统的闭环特征方程中的 z 用 $z = \dfrac{\omega+1}{\omega-1}$ 进行变换；然后根据变换后的 ω 域中闭环特征方程系数，应用劳斯表判断离散系统的稳定性，并相应称为 ω 域中的劳斯稳定判据。

实验内容与步骤

【**实验 7 - 1**】　已知带采样-保持器的闭环采样系统结构框图和模拟电路如图 7 - 1 和图 7 - 2 所示。

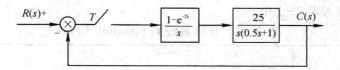

图 7 - 1　带采样-保持器的闭环采样系统结构框图

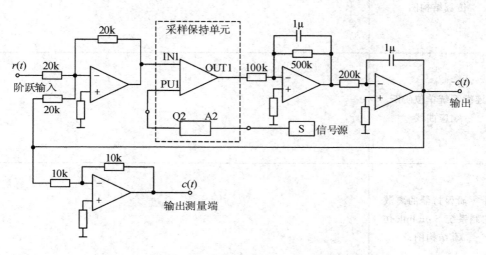

图 7 - 2　带采样-保持器的闭环采样系统模拟电路

1. 理论分析

图 7-1 所示系统的开环脉冲传递函数为

$$Z\left[\frac{25(1-e^{-Ts})}{s^2(0.5s+1)}\right]=25(1-z^{-1})Z\left[\frac{1}{s^2(0.5s+1)}\right]$$

$$=\frac{12.5\left[(2T-1+e^{-2T})z+(1-e^{-2T}-2Te^{-2T})\right]}{(z-1)(z-e^{-2T})}$$

闭环脉冲传递函数为

$$\frac{C(z)}{R(z)}=\frac{12.5\left[(2T-1+e^{-2T})z+(1-e^{-2T}-2Te^{-2T})\right]}{z^2+(25T-13.5+11.5e^{-2T})z+(12.5-11.5e^{-2T}-25Te^{-2T})}$$

闭环采样系统的特征方程为

$$z^2+(25T-13.5+11.5e^{-2T})z+(12.5-11.5e^{-2T}-25Te^{-2T})=0$$

由上式可知，闭环采样系统特征方程的根与采样周期 T 有关。若特征根的模均小于 1，则系统稳定；若存在模大于 1 的特征根，则系统不稳定。因此，系统的稳定性与采样周期有关。

2. Simulink 仿真分析

要求取采样周期分别为 $T=20$ ms, 50 ms, 120 ms, 200 ms, 250 ms, 观察不同采样周期对系统稳定性的影响。

（1）打开 MATLAB 软件，构造连续系统的 Simulink 仿真模型，得到连续系统的单位阶跃响应曲线，填入表 7-1 中。

表 7-1 连续系统的 Simulink 仿真

连续系统 Simulink 仿真结构图	
连续系统单位阶跃响应曲线	
带零阶保持器的离散控制系统 Simulink 仿真结构图	

连续系统是否稳定：_____（填稳定或者不稳定）。

（2）构造带零阶保持器的离散控制系统 Simulink 仿真模型，填入表 7-1 中。设置不同的采样周期，观察采样周期不同时离散系统输出波形，记录于表 7-2 中。

表 7-2　不同采样周期时离散系统输出波形

$T=20$ ms	
$T=50$ ms	
$T=120$ ms	
$T=200$ ms	
$T=250$ ms	

3. 模拟电路实验

1）实验原理

本实验采用"采样-保持器"LF398 芯片，它具有将连续信号离散后以零阶保持器输出的功能。其管脚连接如图 7-3 所示，采样周期 T 等于输入至 LF398 第 8 脚（PU）的脉冲信号周期，此脉冲由多谐振器（由 MC1555 和阻容元件构成）发生的方波经单稳电路（由 MC14538 和阻容元件构成）产生，改变多谐振荡器的周期，即改变采样周期。采样-保持电路如图 7-4 所示。

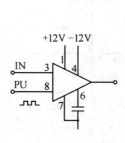

图 7-3　LF398 芯片管脚连接图

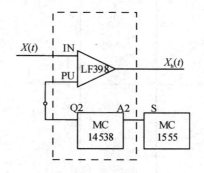

图 7-4　采样-保持电路

2) 实验步骤

首先将信号源单元的"ST"的插针和"+5 V"插针用"短路块"短接，然后进行信号采样保持实验，具体步骤如下：

（1）按图 7-4 接线，检查无误后开启实验箱电源。

（2）将正弦波单元的正弦信号频率调为 2.5 Hz，并接至 LF398 芯片的输入端"IN"。

（3）调节信号源单元的信号频率使"S"端的方波周期为 20 ms，即采样周期 $T=20$ ms。

（4）用示波器同时观测 LF398 芯片的输出波形和输入波形，此时输出波形和输入波形一致。

（5）改变采样周期，直到采样周期为 200 ms，观测输出波形，此时输出波形仍为输入波形的采样波形，还未失真；当 $T>200$ ms 时，观测此时是否有输出波形，是否出现输出波形失真。

最后，进行闭环采样控制系统实验，具体步骤如下：

（1）取信号源单元"S"端的方波信号周期 $T=20$ ms。

（2）按图 7-2 接线，将单位阶跃信号加至图 7-2 所示模拟电路的输入端 $r(t)$，检查无误后方可开启实验箱电源。

（3）观察并记录系统输出信号 $c(t)$ 的波形，并测量超调量 $\sigma\%$、调节时间 t_s。

（4）调节信号源单元"S"端的方波信号周期分别为 50 ms 和 120 ms，即采样周期 $T=50$ ms、120 ms。观察并记录系统输出信号 $c(t)$ 的波形，并测量超调量 $\sigma\%$ 和调节时间 t_s。

3) 进行实验结果分析

将闭环采样控制系统取不同采样周期 T 时系统的输出响应和性能指标填入表7-3中。

表 7-3   闭环采样控制系统取不同采样周期 T 时系统的性能

采样周期 T/ms	超调量 $\sigma\%$	调节时间 t_s/s	响应情况	输出响应曲线
20				
50				
120				

续表

采样周期 T/ms	超调量 $\sigma\%$	调节时间 t_s/s	响应情况	输出响应曲线
200				
250				

实验思考题

（1）对于采样控制系统，缩短采样周期对系统有什么影响？

（2）选取采样周期时，是否采样周期越短越好？应该如何选择更为合适。

实验报告要求

（1）完成"实验内容"和结果分析。

（2）完成"实验思考题"。

7.2.2　采样控制系统的校正

实验目的

（1）了解离散系统的数学建模方法。

（2）了解采样控制系统的校正方法。

预习要求

（1）预习离散系统的数字校正方法。

（2）预习离散系统稳态误差相关知识。

实验原理

离散系统的数字校正问题是：根据对离散系统性能指标的要求，确定闭环脉冲传递函数 $\Phi(z)$ 或者误差脉冲传递函数 $\Phi_e(z)$，然后利用式（7-2）和式（7-3）确定数字控制器（校正装置）的脉冲传递函数 $D(z)$。

$$D(z) = \frac{\Phi(z)}{G(z)[1-\Phi(z)]} \tag{7-2}$$

或者

$$D(z) = \frac{1 - \varPhi_e(z)}{G(z)\varPhi_e(z)} \tag{7-3}$$

【**实验 7 - 2**】　已知待校正系统的结构框图如图 7 - 5 所示，模拟电路如图 7 - 6 所示，其中 $T = 0.1$ s。根据期望的性能指标设计串联校正装置，并通过实验验证校正后系统是否满足要求。

系统期望的性能指标如下：静态误差系数 $K_v \geqslant 3$；超调量 $\sigma\% \leqslant 20\%$；系统稳定。

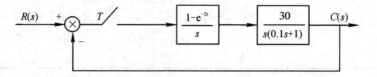

图 7 - 5　待校正系统的结构框图

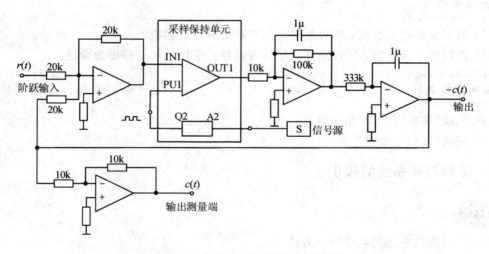

图 7 - 6　待校正系统的模拟电路

1. 理论分析

(1) 当 $T = 0.1$ s 时，求出闭环脉冲传递函数 $\varPhi(z)$。

(2) 计算闭环采样系统的特征根为 $z_1 = 3.9088$，$z_2 = 0.9497$。

(3) 判断待校正闭环离散系统的静态误差系数是否满足期望值，系统是否稳定。

(4) 采用断续校正网络对系统进行校正，设计校正装置，详细设计步骤请学生自行完成。设计校正装置为 $G_c(s) = \dfrac{0.676s + 1}{5s + 1}$。

2. 模拟电路实验

1) 实验对象及分析

采用如图 7 - 7 所示的有源校正网络模拟校正装置，其中，$R_0 = R_2 = 432$ kΩ，$R_1 = 68$ kΩ，$C = 10$ μF。

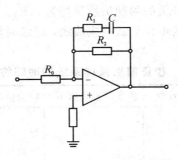

图 7-7　有源校正网络模拟校正装置

则校正装置的传递函数为

$$G_c(s) = \frac{R_2}{R_0} \frac{R_1 Cs + 1}{(R_1 + R_2)Cs + 1} = \frac{0.68s + 1}{5s + 1}$$

因此，构造校正后采样系统的结构框图和模拟电路图如图 7-8 和图 7-9 所示。

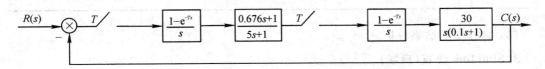

图 7-8　校正后采样系统的结构框图

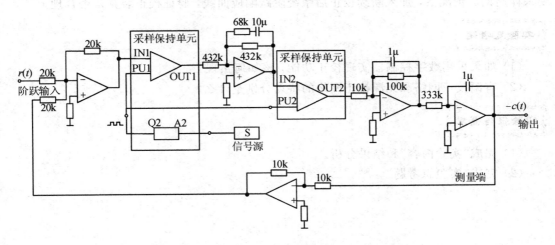

图 7-9　校正后采样系统的模拟电路

2）实验步骤

（1）将信号源单元的"ST"的插针和"+5 V"插针用"短路块"短接。调节信号源的周期，使得"S"端方波的周期为 0.1 s，作为采样开关的周期。

（2）按图 7-6 接线，将单位阶跃信号加至图 7-6 所示模拟电路的输入端，检查无误后方可开启实验箱电源。

（3）观察待校正采样系统的单位阶跃响应曲线。

（4）按图 7-9 接线，将单位阶跃信号加至图 7-9 所示模拟电路的输入端，检查无误后方可开启实验箱电源。采样开关的周期仍然保持为 0.1 s。

（5）观察校正后采样系统的单位阶跃响应曲线，记录时域性能指标于表 7 - 4 中，判断系统性能指标是否满足期望值。

表 7 - 4　校正前后采样系统的时域性能对比

	超调量 $\sigma\%$	调节时间 t_s/s	静态误差系数 K_v	响应情况	单位阶跃响应曲线
校正前					
校正后					

（6）进行实验结果分析。

3. Simulink 仿真（自学）

学生自行在 Simulink 里搭建待校正和校正后系统的仿真结构图并运行，观察在不改变采样周期的情况下，加入断续校正后系统阶跃响应曲线，验证校正装置是否合理。

实验思考题

（1）如果采用数字控制器实现校正功能，该如何实现？
（2）有源校正网络和无源校正网络的特点分别是什么？

实验报告要求

（1）完成"实验内容"和结果分析。
（2）完成"实验思考题"。

第 8 章　非线性控制系统

8.1　非线性控制系统基本知识

1. 非线性控制系统的概念

当系统中含有一个或者多个具有非线性特性的元件时，该系统称为非线性控制系统。

实际应用中，完全线性的系统是不存在的，因为组成控制系统的元件，其静态特性都存在着不同程度的非线性，但只要系统不包含有特殊本质的非线性元件，并且传输的信号也不太大，那么根据线性系统分析法所得到的结果也同样适用于该类非线性系统。

2. 非线性控制系统的特征

非线性控制系统的运动主要有以下特点：

(1) 稳定性分析复杂；

(2) 可能存在自激振荡现象；

(3) 频率响应发生畸变。

非线性控制系统与线性控制系统的本质区别在于：

(1) 线性控制系统的输入与输出关系可用线性微分方程来描述，能用叠加原理进行分析；而非线性控制系统的输入与输出的关系要用非线性微分方程描述，不能用叠加原理来分析。

(2) 线性控制系统的稳定性仅取决于系统本身的结构和参数，与初始条件和输入信号无关；而非线性控制系统的稳定性除了与系统本身的结构和参数有关外，还依赖于初始条件和输入信号的性质。

(3) 从频域的观点出发，给线性系统输入一个正弦或余弦信号，则输出响应也是同频率的正弦信号，区别仅在于输出响应的振幅和相位依系统特性和输入信号的频率而定。输入信号振幅的变化，仅使输出响应的振幅呈比例变化，而不影响其波形，即线性系统不会将输入信号中未包含的频率分量输出。但是，非线性系统输出信号的波形不仅与系统的特性有关，而且强烈地依赖输入信号的大小，即输出信号常含有输入信号所没有的频率分量。

(4) 调换线性系统各串联环节的位置不影响分析的结果；但在非线性系统中，非线性环节和线性环节的位置不能互相调换，否则会导致错误的结论。

非线性系统的分析和设计方法主要有相平面法、描述函数法和逆系统法。

8.2　实 验 项 目

8.2.1　典型非线性环节

实验目的

（1）学习典型非线性环节的模拟电路构造方法。

（2）掌握典型非线性环节的输入/输出特性和特性测量方法。

（3）了解用 MATLAB 实现非线性模块的方法。

预习要求

（1）预习非线性系统的概念和特征。

（2）预习典型非线性环节的原理和特性曲线。

实验原理

1. 继电特性

理想继电特性如图 8-1 所示，构造的模拟电路如图 8-2 所示。M 值为双向稳压管的稳定值。

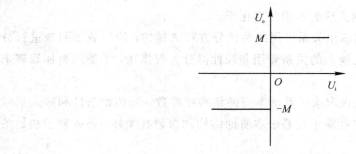

图 8-1　理想继电特性

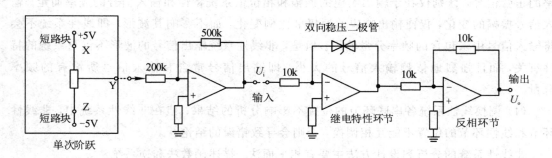

图 8-2　继电特性模拟电路

2. 饱和特性

饱和特性如图 8-3 所示，构造的模拟电路如图 8-4 所示。图 8-3 中的特性饱和值等于稳压管的稳压值，斜率 K 等于前一级反馈电阻值与输入电阻值之比。

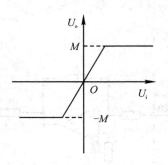

图 8-3 饱和特性

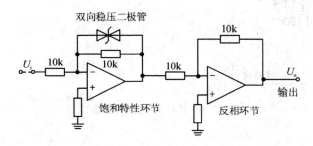

图 8-4 饱和特性模拟电路

3. 死区特性

死区特性如图 8-5 所示，构造的模拟电路如图 8-6 所示。图 8-5 中的死区特性斜率 K 为 $K=\dfrac{R_f}{R_0}$，死区 $\Delta=\dfrac{R_2}{30}\times12=0.4R_2(\text{V})$，式中 R_2 的单位是 $k\Omega$，且 $R_2=R_1$（实际 Δ 还应考虑二极管的压降值）。

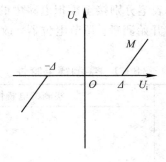

图 8-5 死区特性

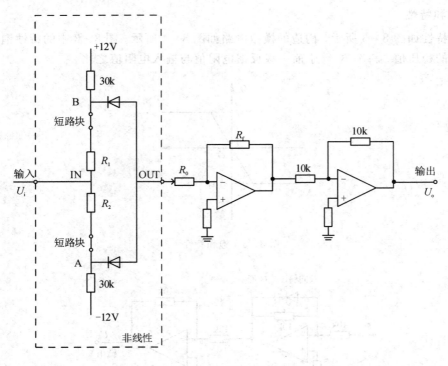

图 8-6　死区特性模拟电路

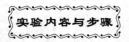

1. 模拟电路实验

进行典型非线性特性模拟电路实验的步骤如下：

（1）将信号源单元的"ST"插针和"+5V"插针用"短路块"短接。

（2）按图 8-2 接线，图中的虚线连接处用导线连接好，"+5V"与"X" "-5 V"与"Z"之间分别用短路块短接。

（3）将"CH1"和"CH2"两路表笔分别接至模拟电路中的输入端（U_i）和输出端（U_o），打开集成软件中的"X_Y"测量窗口开始测量。调节电位器，改变输入电压 U_i，观测并记录输入/输出图形于表 8-1 中。

表 8-1　实测继电特性

输入电压 U_i	实测继电特性

（4）按图 8-4 接线，其他步骤不变，改变斜率 K，记录两组饱和特性环节输入/输出特性曲线于表 8-2 中。

表 8 - 2　实测饱和特性

斜率 K	实测饱和特性

（5）按图 8 - 6 接线，其他步骤不变。分别改变斜率 K 和死区参数$\triangle$，分别记录两组死区特性环节输入/输出特性曲线于表 8 - 3 中。

表 8 - 3　实测死区特性

死区参数 $\triangle$	斜率 K	实测死区特性

2. MATLAB 仿真

【实验 8 - 1】　已知饱和特性如图 8 - 3 所示，可用如下数学关系描述：

$$U_\circ = \begin{cases} U_i, & \text{当} |U_i| \leqslant M \\ M, & \text{当} U_i > M \\ -M, & \text{当} U_i < -M \end{cases}$$

其中，M 为饱和环节特性参数，且饱和特性的斜率为 1，用 MATLAB 仿真饱和特性。

（1）程序如下：

```
M1＝5；                    %设定饱和环节参数
N＝12.5                    %设定 x
x＝[－N:1:N]
```

```
n=length(x);                          %计算 x 的长度
y=zeros(1, n);                        %初始化 y
for i=1:n
    y(i)=saturation(x(i), M1);        %调用函数 saturation()
end
plot(x, y)                            %绘制饱和环节特性
grid
function y=saturation(x, m)           %编写函数 saturation()
if abs(x)<=m
    y=x;
    else if x>m
        y=m;
        else if x<-m
            y=-m;
        end
    end
end
end
```

（2）运行结果如图 8-7 所示。

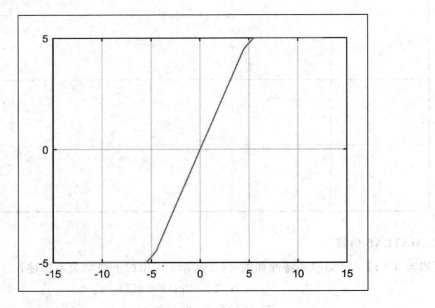

图 8-7　饱和特性仿真结果

【课外实验】

（1）自行用 MATLAB 仿真图 8-5 所示的死区特性，写出程序和仿真结果。

（2）写出间隙特性的数学关系，并用 MATLAB 仿真间隙特性，写出程序和仿真结果。

3. Simulink 仿真（自学）

使用 Simulink 工具箱中的"非线性环节"模块，仿真死区特性、继电特性、饱和特性和

间隙特性等，并修改死区参数，观察输入/输出特性曲线。

实验思考题

（1）比较理想继电特性与实测继电特性有何不同，并分析原因。
（2）比较理想饱和特性与实测饱和特性有何不同，并分析原因。
（3）比较理想死区特性与实测死区特性有何不同，并分析原因。

实验报告要求

（1）完成"实验内容与步骤"中"1. 模拟电路实验"。
（2）完成"实验内容与步骤"中"2. MATLAB 仿真"中的"课外实验"。
（2）完成"实验思考题"。

8.2.2　非线性控制系统

实验目的

（1）掌握非线性系统的分析方法。
（2）学会使用 M 文件和 Simulink 绘制非线性系统的相轨迹。
（3）学会分析非线性环节对控制系统的影响。

预习要求

（1）预习继电型非线性系统、饱和非线性系统的相平面分析法。
（2）完成"理论分析"和"Simulink 仿真"的内容。

实验原理

1. 非线性系统的相平面图

相平面法是通过图解法将一阶和二阶系统的运动过程转化为位置和速度平面上的相轨迹，从而比较直观、准确地反映系统的稳定性、平衡状态和稳态精度以及初始条件、参数对系统运动的影响。

设 $x(t)$ 和 $\dot{x}(t)$ 为相变量，以 $x(t)$ 为横坐标，$\dot{x}(t)$ 为纵坐标构成的直角坐标平面称为相平面。相变量从初始时刻 t_0 对应的状态点 $(x_0, \dot{x}_0)$ 起，随着时间 t 的推移，在相平面上运行形成的曲线称为相轨迹。在相轨迹上用箭头表示参变量时间 t 的增加方向。根据微分方程解的存在与唯一性定理，对于任一给定的初始条件，相平面上有一条相轨迹与之对应。多个初始条件下的运动对应多条相轨迹，形成相轨迹簇，而由一簇相轨迹所组成的图形称为相平面图。

2. 相平面图作图的相关命令

（1）$[y, t, x] = \text{step}(a, b, c, d)$，该格式为返回变量格式，不作图。返回变量为输出向量 y、时间变量 t 和状态向量 x（n 个状态，位置变量 x 和速度变量 $\dot{x}$ 均为向量）。其中，系统模型必须是状态空间模型，否则返回的状态向量 $x = [\ ]$。

(2) plot(x(:, 2), x(:, 1))，该命令用来绘制 $x - \dot{x}$ 相平面图，命令[y, t, x]＝step(a, b, c, d)返回的状态向量 x 的第一列 $x(:, 1)$ 和第二列 $x(:, 2)$ 分别表示 x 和 $\dot{x}$。

(3) 可借助 Simulink 进行仿真并绘制相轨迹图。

实验内容与步骤

【**实验 8 - 2**】　已知二阶系统的开环传递函数为 $G(s) = \dfrac{1}{s(0.5s+1)}$，输入信号为 $r(t) = 1(t)$，绘制系统的相平面图。

1. MATLAB 仿真

(1) MATLAB 程序如下：

```
num＝1;
den＝[0.5 1 0];
sys_tf＝tf(num, den);              %建立系统的多项式模型 sys_tf
[a, b, c, d]＝tf2ss(num, den);     %将多项式模型转换为状态空间模型
[y, x, t]＝step(a, b, c, d)        %求系统阶跃响应，并返回变量
subplot(311); plot(t,x(:, 2)); grid;        %绘制 x(t)子图
subplot(312); plot(t,x(:, 1)); grid;        %绘制 ẋ(t)子图
subplot(313); plot(x(:, 2), x(:, 1)); grid; %绘制 x - ẋ 相平面图
```

(2) 运行结果如图 8 - 8 所示。

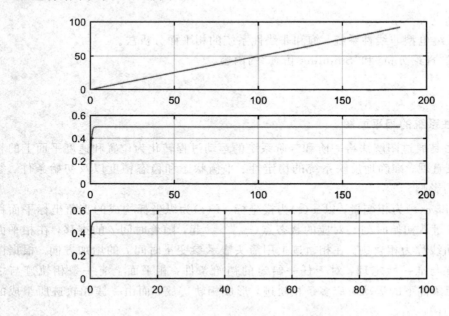

图 8 - 8　二阶系统的相轨迹

(3) 自行分析该二阶系统是否稳定。

2. Simulink 仿真

自行用 Simulink 工具完成实验 8 - 2。

【实验 8 - 3】　在实验 8 - 2 中的开环传递函数之前与反馈误差之后加入继电环节，组成如图 8 - 9 所示的继电型非线性系统。

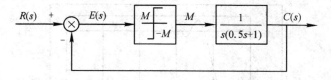

图 8 - 9　继电型非线性系统结构框图

1. 理论分析

图 8 - 9 所示的继电型非线性系统用下述方法表示：

$$\begin{cases} T\ddot{c}+\dot{c}-KM=0，当\ e>0\ 时 \\ T\ddot{c}+\dot{c}+KM=0，当\ e<0\ 时 \end{cases} \tag{8-1}$$

式中，T 为时间常数 $(T=0.5)$，K 为线性部分开环增益 $(K=1)$，M 为稳压管稳压值。采用 e 和 $\dot{e}$ 为相平面坐标，以及考虑 $e=r-c$ 和 $r=R\cdot 1(t)$，可知 $\dot{e}=-\dot{c}$，则式(8-1)可改为

$$\begin{cases} T\ddot{e}+\dot{e}+KM=0，当\ e>0\ 时 \\ T\ddot{e}+\dot{e}-KM=0，当\ e<0\ 时 \end{cases} \tag{8-2}$$

代入 $T=0.5$ 和 $K=1$，以及所选用的稳压管值 M，应用等倾线法作出当初始条件为 $e(0)=r(0)-c(0)=r(0)=R$ 时的相轨迹，改变 $r(0)$ 就可以得到一簇相轨迹。

2. Simulink 仿真

在 Simulink 中建立如图 8 - 10 所示的仿真结构图，把开环传递函数 $\dfrac{1}{s(0.5s+1)}$ 分为两个环节：$\dfrac{1}{s}$ 和 $\dfrac{1}{0.5s+1}$。这样，$\dfrac{1}{s}$ 环节的输出为 c，其输入为 $\dot{c}=\dot{e}$。

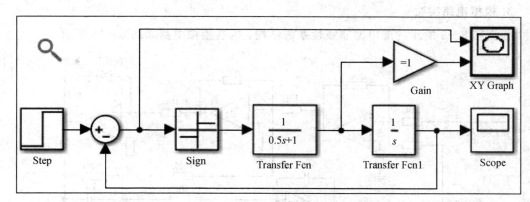

图 8 - 10　Simulink 仿真结构图

XY 绘图仪"XY Graph"模块在 sinks 模块组中。设置坐标范围和采样时间：X_min(X 轴最小值)为 -0.4；X_max(X 轴最大值)为 0.4；Y_min(Y 轴最小值)为 -1；Y_max(Y 轴最小值)为 1；Sample time(采样间隔)为 0.01(每隔 0.01 s 取一个数据用于绘图)，则 XY 绘图仪的 X、Y 两端口输入数据分别为 $e(t)=1-c(t)$ 和 $\dot{e}(t)=-\dot{c}(t)$，故可绘出 e-$\dot{e}$ 相平面图。

　　运行如图 8 - 10 所示的 Simulink 仿真结构图后查看仿真结果，记录系统阶跃响应和 $e - \dot{e}$ 相轨迹图，分别如图 8 - 11 和图 8 - 12 所示。

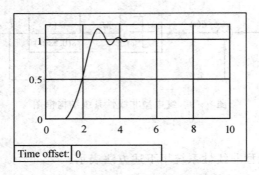

图 8 - 11　系统阶跃响应

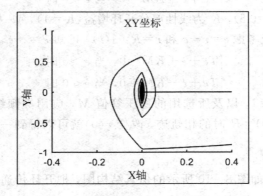

图 8 - 12　系统 $e - \dot{e}$ 相轨迹图

3. 模拟电路实验

根据图 8 - 9 所示的继电型非线性系统结构，构造模拟电路如图 8 - 13 所示。

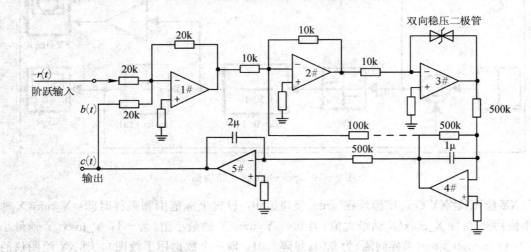

图 8 - 13　继电型非线性系统模拟电路

从图 8-13 中可以看出，输入信号是 $-r(t)$，所以 1# 运算放大器的输出是 e，4# 运算放大器的输出 $-\dot{c}$ 是 $\dot{e}$，因此将 1# 运算放大器的输出接至示波器单元的"CH1"(X 轴)输入端，而将 4# 运算放大器的输出接至示波器单元的"CH2"(Y 轴)输入端，然后打开集成软件中的"X_Y 窗口"，开始测量，就可获得 e-$\dot{e}$ 相平面上的相轨迹。

具体的实验步骤如下：

(1) 将信号源单元的"ST"端(插针)与"+5 V"端(插针)用"短路块"短接。

(2) 按图 8-14 接线，产生阶跃信号。具体做法是：将"H2"插针用排线接至"X"插针，再将"Z"插针和"GND"插针用"短路块"短接，最后信号由大插孔"Y"端输出。实验中按动按钮即可产生阶跃信号，调节电位器可以改变阶跃信号的幅值。在本节其他实验中，也可采用本方法产生阶跃信号。

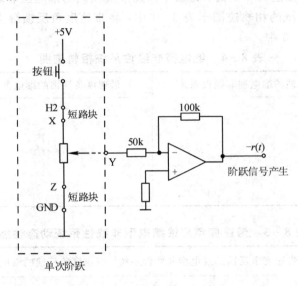

图 8-14 阶跃信号产生电路

(3) 用相轨迹分析继电型非线性系统在阶跃信号下的瞬态响应和稳态误差。按图 8-13 接线，将示波器单元的"CH1"接至 1# 运算放大器输出端，"CH2"接至 4# 运算放大器输出端，检查无误后打开实验箱电源，并打开集成软件中的"X_Y 测量窗口"开始测量，将阶跃信号接至输入端，按下按钮，观察并记录系统在 e-$\dot{e}$ 相平面上的相轨迹；调节单次阶跃单元的电位器使输入信号 $-r(t)$ 为 8 V 的阶跃信号，测量并记录系统的超调量及振荡次数。

4. 带速度负反馈的继电型非线性系统模拟实验

图 8-15 所示为带速度负反馈的非线性系统，其相轨迹分界线由方程 $e+k_s\dot{e}=0$ 确定，其中 k_s 为反馈系数，图 8-15 中 $k_s=0.1$。学生可自行作出其相轨迹，并分析采用速度反馈对非线性系统有何影响。

将图 8-13 所示电路图中虚线用导线连接，就是图 8-15 所对应的模拟电路。按本实验"3.(3)"的步骤，测量 e-$\dot{e}$ 相平面上的相轨迹。调节单次阶跃单元的电位器使输入信号 $-r(t)$ 为 8 V 的阶跃信号，测量并记录系统的超调量及振荡次数。改变阶跃信号的幅值，分别取 6 V、4 V、2 V 和 1 V，观察并记录系统的超调量和振荡次数。

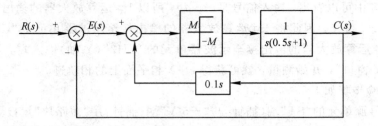

图 8 - 15　带速度负反馈的继电型非线性系统结构图

5. 实验结果分析

当输入阶跃信号幅值为 8 V 时,记录不带速度负反馈的继电型非线性系统和带速度负反馈继电型非线性系统的相轨迹图于表 8 - 4 中,将带速度负反馈继电型非线性系统动态性能参数记录于表 8 - 5 中。

表 8 - 4　继电型非线性系统相轨迹图

不带速度负反馈的继电型非线性系统	带速度负反馈的继电型非线性系统

表 8 - 5　带速度负反馈继电型非线性系统动态性能

输入阶跃信号幅值/v	不带速度负反馈的继电型非线性系统		带速度负反馈的继电型非线性系统	
	超调量	振荡次数/次	超调量	振荡次数/次
8				
6				
4				
2				
1				

可知,当继电型非线性系统加上速度负反馈后,可以 _____ 超调量,即 _____ 系统的平稳性; _____ 调节时间 t_s, _____ 振荡次数,即 _____ 系统的快速性。

【课外实验】　在实验 8 - 2 中的开环传递函数之前与反馈误差之后,加入饱和特性环节,组成如图 8 - 16 所示的饱和非线性系统。

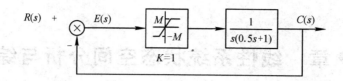

图 8-16　饱和非线性系统

仿照实验 8-3 的实验内容，学生自行完成"理论分析""Simulink 仿真"和"模拟电路实验"，并进行实验结果分析。

实验思考题

（1）为什么加入速度反馈可以改善继电型非线性系统的品质？

（2）分析超调量、稳态误差等参数在相平面法中如何求得。

实验报告要求

（1）完成"实验内容"中的"实验 8-3"。

（2）完成"实验思考题"。

第 9 章　线性系统状态空间分析与综合

9.1　线性系统状态空间基本知识

9.1.1　线性系统的状态空间描述

1. 线性系统的状态空间描述常用的基本概念

（1）状态和状态变量：系统在时间域中的行为或运动信息的集合称为状态。确定系统状态的一组独立（数目最小）的变量称为状态变量。

（2）状态向量：把描述系统状态的 n 个状态变量 $x_1(t)$，$x_2(t)$，$x_3(t)$，$\cdots$，$x_n(t)$ 看作向量 $\boldsymbol{x}(t)$ 的分量，即

$$\boldsymbol{x}(t) = [x_1(t)，x_2(t)，x_3(t)，\cdots，x_n(t)]^{\mathrm{T}}$$

则向量 $\boldsymbol{x}(t)$ 称为 n 维状态向量。给定 $t=t_0$ 时的初始状态向量 $\boldsymbol{x}(t_0)$ 及 $t \geqslant t_0$ 的输入向量 $\boldsymbol{u}(t)$，则 $t \geqslant t_0$ 的状态由状态向量 $\boldsymbol{x}(t)$ 唯一确定。

（3）状态空间：以 n 个状态变量作为基底所组成的 n 维空间称为状态空间。

（4）状态方程：描述系统状态变量与输入变量直接关系的一阶微分方程组（连续时间系统）或一阶差分方程组（离散时间系统）称为系统的状态方程。

（5）输出方程：描述系统输出变量与系统状态变量和输入变量之间函数关系的代数方程称为输出方程。

（6）状态空间表达式：状态方程与输出方程的组合称为状态空间表达式。

2. 线性定常连续系统状态方程的解

对于线性定常系统：

$$\dot{\boldsymbol{x}} = \boldsymbol{A}\boldsymbol{x} + \boldsymbol{B}\boldsymbol{u}$$
$$\boldsymbol{y} = \boldsymbol{C}\boldsymbol{x} + \boldsymbol{D}\boldsymbol{u}$$

在初始条件 $\boldsymbol{x}(0) = \boldsymbol{x}_0$，$t \geqslant 0$ 下，线性定常系统状态方程的解为

$$\boldsymbol{x}(t) = \boldsymbol{\Phi}(t)\boldsymbol{x}(0) + \int_0^t \boldsymbol{\Phi}(t-\tau)\boldsymbol{B}\boldsymbol{u}(\tau)\mathrm{d}\tau$$

或

$$\boldsymbol{x}(t) = \boldsymbol{\Phi}(t)\boldsymbol{x}(0) + \int_0^t \boldsymbol{\Phi}(\tau)\boldsymbol{B}\boldsymbol{u}(t-\tau)\mathrm{d}\tau$$

其中，$\boldsymbol{\Phi}(t) = \mathrm{e}^{\boldsymbol{A}t}$，零输入响应为 $\mathrm{e}^{\boldsymbol{A}t}\boldsymbol{x}(0)$，零状态响应为 $\int_0^t \mathrm{e}^{\boldsymbol{A}(t-\tau)}\boldsymbol{B}\boldsymbol{u}(\tau)\mathrm{d}\tau$。

9.1.2　线性系统的可控性、可观性与稳定性

1. 可控性与可观性

现代控制理论中，用状态方程和输出方程描述系统，输入和输出构成系统的外部变量，而状态为系统的内部变量，这就存在着系统内所有状态是否可受输入影响和是否可由输出反映的问题，这就是可控性和可观性问题。

可控性判据：设线性定常连续系统的状态方程为

$$\dot{x} = Ax + Bu$$

系统状态完全可控的充分必要条件是可控性判别矩阵满秩，即

$$\text{rank}[B \quad AB \quad A^2B \quad \cdots \quad A^{n-1}B] = n$$

其中，n 为矩阵 A 的维数。

可观性判据：线性定常系统

$$\dot{x} = Ax, \quad x(0) = x_0, \quad t \geqslant 0, \quad y = Cx$$

完全可观的充分必要条件是可观性判别矩阵满秩，即

$$\text{rank} \begin{bmatrix} C \\ CA \\ CA^2 \\ \vdots \\ CA^{n-1} \end{bmatrix} = n$$

其中，n 为矩阵 A 的维数。

2. 稳定性判据

判断线性定常系统稳定的方法有李雅普诺夫第一法和第二法，已知系统的状态方程为

$$\dot{x} = Ax$$

第一法是线性定常系统稳定的充分必要条件，即系统的极点都位于复平面的左半 s 平面上。

李雅普诺夫第二法是求解李雅普诺夫方程 $A^T P + PA = -Q$，一般给定 Q 是单位矩阵，求出 P 矩阵后，判定 P 是正定矩阵的话，则线性定常系统是稳定的。

9.1.3　线性定常系统综合

对于 n 维线性定常系统

$$\begin{cases} \dot{x} = Ax + Bu \\ y = Cx \end{cases}$$

式中，x、u 和 y 分别为 n 维、p 维和 q 维向量；A、B 和 C 分别为 $n \times n$、$n \times p$、$q \times n$ 实数矩阵。当将系统的控制量 u 取为状态变量的线性函数（状态反馈）

$$u = v - Kx$$

可得状态反馈系统动态方程为

$$\begin{cases} \dot{x} = (A - BK)x + Bv \\ y = Cx \end{cases}$$

状态反馈和输出反馈都能改变闭环系统的极点位置。所谓极点配置就是利用状态反馈或输出反馈使闭环系统的极点位于所希望的极点位置。利用状态反馈任意配置闭环极点的充分必要条件是被控系统可控。

当系统的状态变量不能测时，可以用状态观测器进行状态重构，用重构的状态 $\hat{x}$ 来代替原来的状态变量。当重构状态向量的维数等于被控对象状态向量的维数时，称为全维状态观测器。线性定常系统完全可观是全维状态观测器可以任意配置极点的充要条件。

9.2　实　验　项　目

9.2.1　线性系统状态空间基础

实验目的

（1）掌握线性系统传递函数模型与状态空间模型的转换。
（2）掌握线性系统状态空间表达式的线性变换。
（3）掌握判断线性系统可控性、可观性的方法。
（4）理解李雅普诺夫稳定性的意义以及掌握用李雅普诺夫法分析系统的稳定性。

预习要求

（1）预习线性系统可控性和可观性的判别方法。
（2）预习系统的线性变换原理。
（3）预习李雅普诺夫第一法和第二法。

实验原理

1. 线性系统传递函数模型与状态空间模型转换

MATLAB 中将传递函数模型转换为状态空间表达式的格式为

　　　[num, den] = ss2tf(A, B, C, D, 1)

或

　　　[num,den] = ss2tf(A,B,C,D)

状态空间表达式转换成传递函数模型的函数调用格式为

　　　[num, den] = ss2tf(a, b, c, d, u)

对多输入系统，必须具体化 u，即指定第 n 个输入；单输入系统可忽略 u。

2. 系统的线性变换

（1）非奇异变换。对系统进行非奇异变换的函数调用格式为

　　GT＝ss2ss(G, T)

其中 G 和 GT 分别为变换前后系统的状态空间模型，T 为非奇异变换阵。

或者

　　[At, Bt, Ct, Dt]＝ss2ss(A, B, C, D, T)

其中(A, B, C, D)和(At, Bt, Ct, Dt)分别为变换前和变换后系统的状态空间模型的系数阵，T 为非奇异变换阵。所做的变换为

$$At＝TAT^{-1}, \quad Bt＝TB, \quad Ct＝CT^{-1}$$

（2）可以构造变换矩阵，用 ss2ss( )命令把系统化为约当标准型，也可用 MATLAB 提供的函数 jordan( )进行约当标准型的转化，其调用格式为

　　[V, J]＝jordan(A)

返回 V 为变换矩阵，J 为求得的约当标准型。

3. 判断线性系统的稳定性

李雅普诺夫第一法可以直接求系统的特征值，MATLAB 中可以用 eig(A)函数求得矩阵 **A** 的特征向量，调用格式为

　　diag＝eig(A)　　　　　　%用来计算矩阵 **A** 的特征值

　　[V, diag]＝eig(A)　　　%返回矩阵特征向量 **v** 和特征值标准型，**V**$^{-1}$即为变换矩阵

李雅普诺夫第二法是用 lyap( )函数，调用的格式为 P＝lyap(A,Q)，然后判断 P 是否是正定矩阵。可以用求 P 的特征值的方法判断 P 是否是正定矩阵，即命令格式为 eig(P)，如果 P 的特征值为正，则 P 就是正定矩阵，系统就是稳定的，否则系统不稳定。

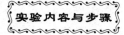
实验内容与步骤

【实验 9 - 1】　已知系统的传递函数为

$$G(s)=\frac{s^2+6s+8}{s^2+4s+3}$$

求出系统的状态空间方程，判断系统的可控性和可观测性，并求出系统的可控观测型、可观测标准型和特征值标准型。

（1）MATLAB 程序如下：

```
%建立状态空间模型
num＝[1 6 8];
den＝[1 4 3];
[A, B, C, D]＝tf2ss(num, den);
%判断系统的可控性和可观性
Uc＝gram(A, B);                    %计算可控性 gram 矩阵
Uo＝gram(A′, C′);                  %计算可观性 gram 矩阵
```

```
nc＝rank(Uc);              %计算矩阵 Uc 的秩
no＝rank(Uo);              %计算矩阵 Uo 的秩
%或用以下命令判断
Uc＝ctrb( a,b);           %构造可控性矩阵
Uo＝obsv( a,c);           %构造可观性矩阵
nc＝ rank(Uc)
no＝rank(Uo)
%求系统的可控标准型
Uc＝ctrb(A,B);            %构造可控性矩阵 Uc
n＝rank(A);               %求矩阵 A 的秩，即系统的阶次
Uc_1＝inv(Uc);            %构造可控性矩阵 Uc 的逆矩阵 Uc⁻¹
p1＝Uc_1(nc,:);           %用 Uc⁻¹ 的最后一行构成行向量 p1
```

P＝[p1; p1 * A];   %构造变换矩阵 P，$P = [p_1 \quad p_1A \quad \cdots \quad p_1A^{n-1}]$

[Ac, Bc, Cc, Dc]＝ss2ss(A, B, C, D, P)　　%用变换矩阵 P 将系统变换为可控标准型

[V, diag]＝eig(A)

[Ae, Be, Ce, De]＝ss2ss(A, B, C, D, inv(V))

学生自行求该系统的可观标准型。

（2）请学生自行运行程序并求得结果，并判断系统是否完全可控和完全可观。

【实验 9-2】　已知系统的传递函数为

$$G(s) = \frac{5}{(s+1)^2(s+2)}$$

求出系统的状态空间方程、约当标准型和变换矩阵 V，并验证 V 的正确性。

（1）MATLAB 程序如下：

```
%建立系统的零极点模型
K＝5;
z＝[];
p＝[－1, －1, －2];
%零极点模型转换为状态空间模型
[A, B, C, D]＝zp2ss(z, p, K);
%求系统的约当标准型 J 和变换矩阵 V
[V, J]＝jordan(A);
%验证变换矩阵 V 的正确性
inv(V) * A * V
```

（2）请学生自行运行程序并求得结果。

【实验 9-3】　已知系统的状态矩阵为 $\begin{bmatrix} 0 & 1 \\ 2 & -1 \end{bmatrix}$，判断系统的稳定性。

1. 判断系统的稳定性

（1）在 Command Window 下键入以下命令：

```
A=[0 1; 2 −1];              %定义系统状态矩阵
eig(A)
```

（2）运行结果如下：

```
ans =
        1
       −2
```

可以看出，系统特征根不都为负值，系统不稳定。

2. 对系统进行李雅普诺夫稳定性分析

（1）参考程序如下：

```
A=[0 1; 2 −1];              %定义系统状态矩阵
Q=[1, 0; 0, 1];            %定义正定矩阵为二阶单位阵
P=lyap(A′, Q)              %求解稳定性判定矩阵
detp=det(P)                %求 P 的绝对值
detp1=det(P(1, 1))         %求 P 的一阶主子式
```

（2）运行结果如下：

```
P=
       −0.7500      −0.2500
       −0.2500       0.2500
detp=
       −0.2500
detp1 =
       −0.7500
```

可以看出，P 的各阶主子式都小于 0，根据李雅普诺夫稳定性定理可知系统不稳定，与"1"中分析结果一致。

【**实验 9 - 4**】 已知系统为 $\dot{x} = \begin{bmatrix} 0 & 1 & 0 \\ 0 & 0 & 1 \\ -4 & -3 & -2 \end{bmatrix} u$，试用李雅普诺夫第一法和李雅普诺夫第二法判断系统的稳定性。

（1）用李雅普诺夫第一法时程序如下：

```
A=[0 1 0; 0 0 1; −4 −3 −2];
eig(A);
```

（2）用李雅普诺夫第二法时程序如下：

```
A=[0 1 0; 0 0 1; −4 −3 −2];
Q=[1 0 0; 0 1 0; 0 0 1];
P=lyap(A,Q);
Diag=eig(P)
```

（3）记录程序运行后的结果，判断系统是否稳定。

【课外实验】 已知系统的状态方程和输出方程为

$$\dot{x} = \begin{bmatrix} 1 & 2 & 0 & 4 \\ 3 & -1 & 6 & 2 \\ 5 & 3 & 2 & 1 \\ 4 & 0 & -2 & 7 \end{bmatrix} x + \begin{bmatrix} 2 & 3 \\ 1 & 0 \\ 5 & 2 \\ 1 & 1 \end{bmatrix} u$$

$$y = \begin{bmatrix} 0 & 0 & 2 & 1 \\ 2 & 2 & 0 & 1 \end{bmatrix} x$$

(1) 判断系统的可控性和可观性；

(2) 判断系统的稳定性。

实验思考题

(1) 线性系统完全可控和完全可观的意义是什么？

(2) 李雅普诺夫第二法判定线性系统稳定性时与第一法有何不同？哪种方法比较简单。

实验报告要求

(1) 完成"实验内容"和"课外实验"，写出程序及运行结果，并做简要分析。

(2) 完成"实验思考题"。

9.2.2 线性系统状态方程的求解

实验目的

(1) 掌握线性定常连续系统状态方程的求解方法。

(2) 学会用 MATLAB 绘制线性系统状态响应曲线和输出响应曲线。

预习要求

(1) 预习线性定常齐次状态方程和非齐次状态方程的求解方法、状态转移矩阵的概念和运算性质。

(2) 预习"实验原理"。

实验原理

1. 计算矩阵指数函数

函数 expm( )用来计算矩阵指数函数，其调用格式为

    eat＝exam(A)

或

    eat＝expm(A * t)

其中，参数 A 为系统矩阵，前一种格式以自然数 e 为底，分别以 A 的元素为指数求幂；后一种格式中，参数需要用函数 sym( )定义为符号变量。返回变量 eat 为系统矩阵 A 对应的矩阵指数函数，即 e^{At}。

2. 积分运算函数

用来进行积分运算的函数，其调用格式为

    f1＝int(f(x), x, a, b)

其中，参数 b、a 分别为积分区间的上、下限；int 函数功能为将以 x 为自变量的函数 f(x)在区间[a, b]上对 x 求积分。

3. 求系统响应的数值解

(1) 在 MATLAB 中，时间区间变量(数组)t 有三种格式：

• t＝Tintial:dt:Tfinal，表示仿真时间段为[Tintial, Tfinal]，仿真时间步长为 dt；

• t＝Tintial:Tfinal，表示仿真时间段为[Tintial, Tfinal]，仿真时间步长 dt，缺省为 1；

• t＝Tfinal，表示仿真时间段为[0, Tfinal]，系统自动选择仿真时间步长 dt。

若时间数组缺省，表示系统自动选择仿真时间区间[0, Tfinal]和仿真时间步长 dt。

(2) 阶跃响应函数 step( )，可用于计算在单位阶跃输入和零初始状态(条件)下传递函数模型的输出响应，或状态空间模型的状态和输出响应，其主要调用格式为

    step(sys, t)

    [y, t] ＝ step(sys, t)

    [y, t, x] ＝ step(sys, t)

其中，对第 1、2 种调用格式，sys 为传递函数模型变量或状态空间模型变量；对第 3 种方式，sys 为状态空间模型变量。t 为指定仿真计算状态响应的时间数组，可以缺省。

(3) 初始状态响应函数 initial( )，主要是计算状态空间模型 (A, B, C, D)的初始状态响应，其主要调用格式为

    initial(sys, x0, t)

    [y, t, x] ＝ initial(sys, x0, t)

其中，sys 为输入的状态空间模型；x0 为给定的初始状态；t 为指定仿真计算状态响应的时间区间变量(数组)。

第 1 种调用格式的输出格式为输出响应曲线图，第 2 种调用格式的输出为数组形式的输出变量响应值 y、仿真时间坐标数组 t 和状态变量响应值 x。

(4) 任意输入的系统响应函数 lsim( )，用于计算在给定的输入信号序列(输入信号函数的采样值)下传递函数模型的输出响应，或状态空间模型的状态和输出响应，其主要调用格式为

    lsim(sys, u, t, x0)

    [y, t, x] ＝ lsim(sys, u, t, x0)

其中，sys 为传递函数模型变量或状态空间模型变量；t 为时间坐标数组；u 是输入信号u(t)对应于时间坐标数组 t 的各时刻输入信号采样值组成的数组，是求解系统响应必须给定的。

（5）信号生成函数 gensig( )，gensig( )的调用格式为

　　　　[u, t] = gensig(type, tau)

　　　　[u, t] = gensig(type, tau, Tf, Ts)

其中，type 为选择信号类型的符号串变量；tau 为以秒为单位的信号周期；Tf 和 Ts 分别为产生信号的时间长度和信号的采样周期。gensig 函数可以产生的信号类型：type 为正弦信号"sin"、方波信号"square"、周期脉冲信号"pulse"。所有信号的幅值为 1。

实验内容与步骤

【实验 9 - 5】　已知系统的状态方程和输出方程如下

$$\dot{x} = \begin{bmatrix} 0 & 1 \\ -2 & -3 \end{bmatrix} x + \begin{bmatrix} 0 \\ 1 \end{bmatrix} u, \quad y = \begin{bmatrix} 1 & 1 \end{bmatrix} x$$

初始状态为 $x(0) = \begin{bmatrix} 1 \\ -1 \end{bmatrix}$，试求系统在初始状态作用下的状态方程的解，并绘制状态响应曲线和输出响应曲线。

1. 求解状态方程

（1）MATLAB 程序如下：

```
A=[0, 1; -2, -3];              %定义系统状态矩阵
B=[0 1]';                      %定义系统控制矩阵
syms t tao;                    %定义符号变量
eat=expm(A*t);                 %求系统矩阵指数函数
eatao=expm(A*(t-tao));         %求矩阵指数函数
x0=[1; -1];                    %定义系统初始状态向量
x=eat*x0+int(eatao*B, tao, 0, t)   %求解方程的解
```

（2）运行结果如下：

```
x=
  [exp(-t) + (exp(-2*t)*(exp(t) - 1)^2)/2]
  [exp(-2*t)*(exp(t) - 1) - exp(-t)]
```

2. 绘制状态响应和输出响应曲线

（1）程序如下：

```
A=[0, 1; -2, -3];              %定义系统状态矩阵
B=[0 1]';                      %定义系统控制矩阵
C=[1 1];
D=0;
sys=ss(A, B, C, D);
t=0:0.5:10;
x0=[1; -1];
[yo, t, xo]=initial(sys, x0, t);
plot(t, xo, '--', t, yo, '-')
```

（2）运行结果如图 9 - 1 所示。

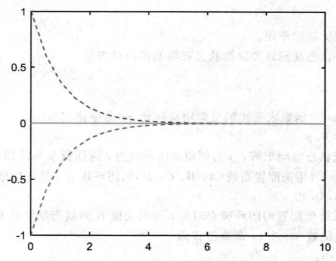

图 9 - 1　例 9 - 5 系统的状态响应和输出响应曲线

（3）请学生自行标明图 9 - 1 所示的曲线中，哪条是输出响应，哪条是状态响应，并采用其他方法用 MATLAB 编程绘制输出响应和状态响应曲线。

【课外实验】　在 MATLAB 中计算如下系统在[0，10s]内，周期 $T=3$ s 的单位方波输入下的状态响应和输出响应，绘制输入信号、状态响应和输出响应曲线。

$$\dot{x} = \begin{bmatrix} 0 & 1 \\ -2 & -3 \end{bmatrix} x + \begin{bmatrix} 0 \\ 1 \end{bmatrix} u$$
$$y = \begin{bmatrix} 1 & 1 \end{bmatrix} x$$

初始状态 $x_0 = \begin{bmatrix} 1 \\ 2 \end{bmatrix}$。

参考思路：获得系统状态空间模型；生成输入方波信号；产生系统的状态响应和输出响应。

实验思考题

齐次状态方程与非齐次状态方程的表达式分别是什么形式？求解方法有何不同？

实验报告要求

（1）写出实验 9 - 5 和"课外实验"的程序及运行结果，并做简要分析。
（2）完成实验思考题。

9.2.3　线性系统状态反馈与状态观测器设计

实验目的

（1）掌握用状态反馈配置极点的方法。
（2）掌握状态观测器的设计方法。
（3）掌握状态反馈与状态观测器的物理意义。

预习要求

(1) 预习状态反馈的原理。

(2) 预习全维状态观测器和降维状态观测器的设计方法。

实验原理

(1) 采用 acker( )函数求系统的反馈增益向量 k，命令格式为

　　k＝acker(a, b, p)

其中，a，b 为系统状态空间矩阵，p 为期望的闭环极点，返回值 k 为反馈增益向量。

(2) 函数 place( )用来配置系统($\boldsymbol{A}$, $\boldsymbol{B}$, $\boldsymbol{C}$, $\boldsymbol{D}$)的闭环极点，其调用格式为

　　K＝place(A, B, P)

其中，参数 P 为系统要配置的闭环极点向量，返回变量 K 为状态反馈向量。

(3) 阶跃响应函数 step( )，命令格式为

　　[y, x, t]＝step(a, b, c, d)

可用于求系统在单位阶跃信号输入下的输出响应和状态响应。

实验内容与步骤

【实验 9 - 6】 已知闭环系统如图 9 - 2 所示，要求用状态反馈将该系统极点配置在－7.07 ＋ j7.07 和－7.07－j7.07，并用状态观测器实现状态反馈，观测器极点为 $s＝－0.1±j0$。

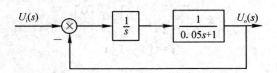

图 9 - 2　受控系统结构图

1. MATLAB 仿真

(1) 对原系统进行极点配置，程序如下：

```
%求原闭环系统时域响应
num＝[1];
den＝[0.05, 1, 1];
[a, b, c, d]＝tf2ss(num, den)        %求系统的状态空间方程
[p0, z0]＝pzmap(a, b, c, d)          %求系统的闭环零极点
[wn0,zeta0]＝damp(a)                 %求系统的特征参数 ξ, ωn
step(a, b, c, d)

%计算极点配置的状态反馈向量
p＝[－7.07＋7.07i, －7.07－7.07i];
k＝place(a,b,p)                      %求极点配置的状态反馈向量 k

%计算极点配置后的各矩阵并进行时域仿真
```

```
hold on                              %保持原系统的阶跃响应曲线
a1=a-b*k                             %极点配置后系统的状态矩阵
kr=dcgain(a1,b,c,d)                  %函数 dcgain( )用来计算系统的稳态误差,以确定增益
                                       调整值 k_r

b1=b;
c1=c/kr;                             %极点配置并调整增益后的输出向量 c_1
d1=d;
step(a1,b1,c1,d1)                    %绘制极点配置后系统的阶跃响应曲线
[p1,z1]=pzmap(a1,b1,c1,d1)           %求极点配置后系统的闭环零极点,通过 p_1-p 可验
                                       证 k
[wn1,zeta1]=damp(a1)                 %求极点配置后系统的特征参数
```

(2) 运行程序,得到如下结果,原系统及极点配置后系统的阶跃响应曲线如图 9-3 所示。

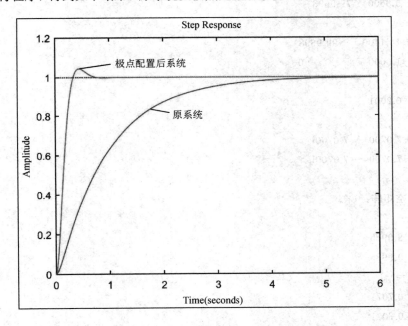

图 9-3 原闭环系统与极点配置后系统的单位阶跃响应曲线

```
a=
   -20   -20
     1     0
b=
     1
     0
c=
     0    20
d=
     0
p0=
```

$$-18.9443$$
$$-1.0557$$

z0＝

　　　空矩阵：0×1

wn0＝

　　18.9443

　　　1.0557

zeta0＝

　　　1

　　　1

k＝

　　-5.8600　　79.9698

a1＝

　　-14.1400　　-99.9698

　　　1.0000　　　　　0

kr＝

　　　0.2001

p1＝

　　$-7.0700 + 7.0700i$

　　$-7.0700 - 7.0700i$

z1＝

　　　空矩阵：0×1

wn1＝

　　9.9985

　　9.9985

zeta1＝

　　0.7071

　　0.7071

　　结果分析：相比原系统，采用状态反馈后的系统稳态误差 _____（填"减小""增大"或"不变"），超调量_____（填"减小""增大"或"不变"），调节时间_____（填"缩短""增加"或"不变"）。

　　（3）采用状态观测器实现状态反馈，继续键入程序如下：

```
%用状态观测器实现状态反馈，并作时域仿真
po=[−0.1+0.00001i, −0.1−0.00001i];          %给定观测器极点
H=place(a′, c′, po′)                          %观测器极点反馈向量
a2=a−H′ * c;                                  %观测器子系统矩阵
a3=[a−b * k b * k;zeros(size(a)) a−H′ * c];  %求增广系统的状态矩阵
b3=[b;zeros(size(b))];                        %求增广系统的控制    矩阵
c3=[c/kr zeros(size(c))];                     %求增广系统的输出矩阵
figure(2)
```

```
hold on
step(a, b, c, d)
step(a3, b3, c3, d)
```

运行结果为

H=

18.8005　　−0.9900

采用状态观测器进行状态反馈后系统的单位阶跃响应曲线如图 9-4 所示，分析与极点配置进行状态反馈的仿真结果是否有区别。

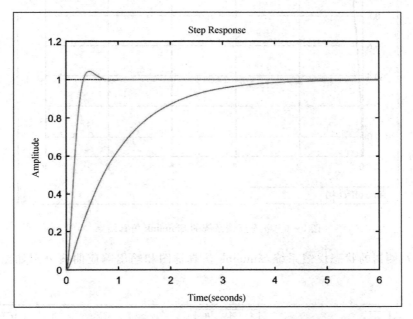

图 9-4　采用状态观测器进行状态反馈前后系统的单位阶跃响应曲线

2. Simulink 仿真

状态反馈系统的 Simulink 仿真框图如图 9-5 所示。

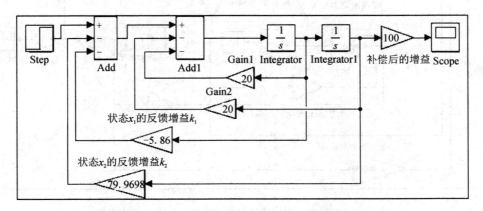

图 9-5　状态反馈系统的 Simulink 仿真框图

Gain1 参数选择矩阵 a 的第一行第一列的相反数，Gain2 参数选择矩阵 a 第一行第二列的相反数，Gain3、Gain4 分别设置为状态反馈向量 k 的两个参数，模块名分别修改为"状态 x_1 的反馈增益 k_1"和"状态 x_2 的反馈增益 k_2"，系统经状态反馈后的单位阶跃响应曲线如图 9－6 所示。

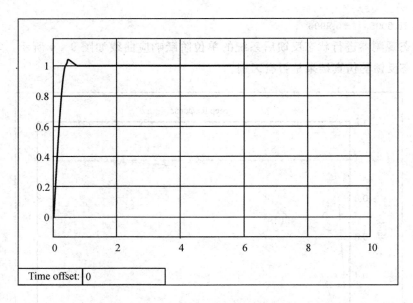

图 9－6　状态反馈系统的 Simulink 仿真结果

带状态观测器的状态反馈系统 Simulink 仿真框图和输出响应曲线分别如图 9－7 和图 9－8 所示。

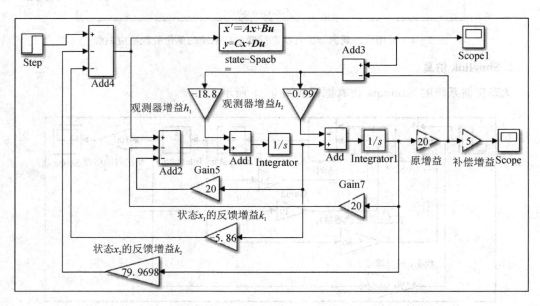

图 9－7　带状态观测器的状态反馈系统 Simulink 仿真框图

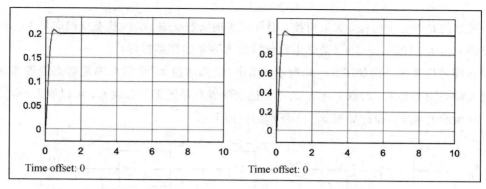

(a) 增益补偿前	(b) 增益补偿后

图 9 - 8　带状态观测器的状态反馈系统仿真结果

3. 模拟电路实验

图 9 - 2 对应的模拟电路如图 9 - 9 所示，若该系统期望的性能指标为：超调量 $\sigma\% \leqslant 5\%$，峰值时间 $t_p \leqslant 0.5$ s，试通过状态反馈使系统的性能指标满足要求。

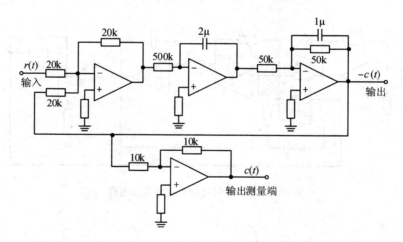

图 9 - 9　图 9 - 2 所示系统对应的模拟电路

1) 理论分析

由超调量 $\sigma\%$ 和峰值时间 t_p 的计算公式，可取 $\xi = 0.707$，$\omega_n = 10$。因此可确定系统期望的闭环极点为 $\lambda_1 = -7.07 + j7.07$，$\lambda_2 = -7.07 - j7.07$（请学生自行写出该步骤详细计算过程）。

被控系统的传递函数为

$$G_0(s) = \frac{20}{s^2 + 20s + 20}$$

则被控系统的状态方程和输出方程为

$$\dot{x} = \begin{bmatrix} -20 & 20 \\ -1 & 0 \end{bmatrix} x + \begin{bmatrix} 0 \\ 1 \end{bmatrix} u$$

$$\boldsymbol{y}=[1\quad 0]\boldsymbol{x}$$

判断被控系统是否完全可控，如果可控，则可以实现状态反馈。引入状态反馈向量 $\boldsymbol{k}$，并求解状态反馈向量 $\boldsymbol{k}=[9.9\quad -5.9]$(请学生自行写出求解 $\boldsymbol{k}$ 的详细过程)。

极点配置后系统结构如图 9－10 所示，图中“输入增益 $\boldsymbol{L}$”是用来满足静态误差要求的，若系统无静态误差要求，可取 $L=1$。若希望极点配置后系统无静态误差，可以取 $L=5$。根据图 9－10 所示的系统，设计如图 9－11 所示的模拟电路。

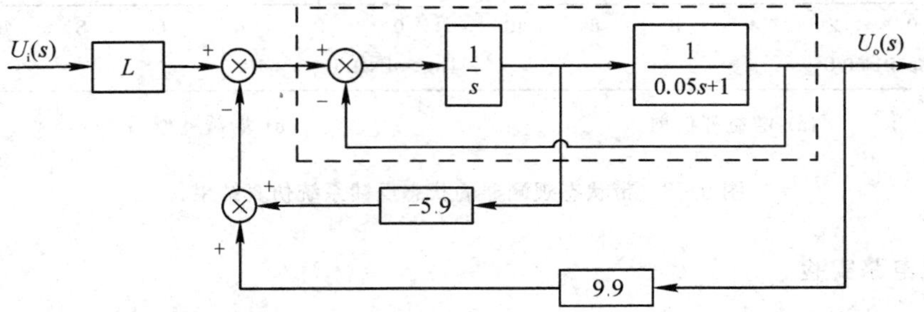

图 9－10　极点配置后的系统结构图

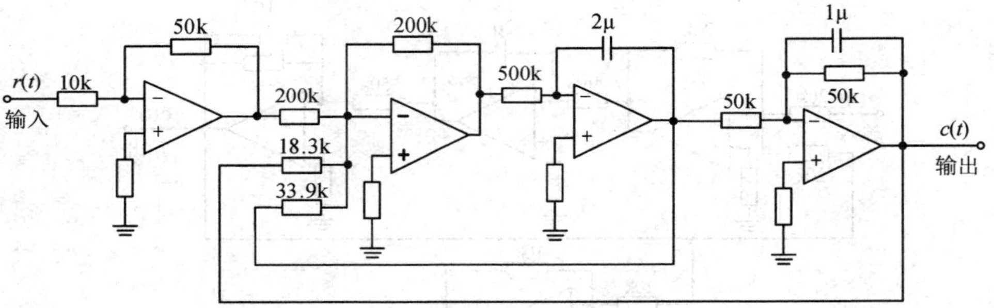

图 9－11　极点配置后系统的模拟电路

2）实验步骤

(1) 将信号源单元的“ST”端插针与“S”端插针用“短路块”短接。由于每个运放单元将开关分别设在“方波”挡，分别调节调幅和调频电位器，使得信号源单元的“OUT”端输出的方波幅值为 1 V，周期约为 10 s(用于模拟单位阶跃信号)。

(2) 按图 9－9 接线，并将模拟单位阶跃信号接至信号输入端 $r(t)$，检查无误后开启实验箱电源，用示波器测量输出波形，得到极点配置前系统的单位阶跃响应曲线。

(3) 按图 9－11 接线，并将模拟单位阶跃信号接至信号输入端 $r(t)$，检查无误后开启实验箱电源，用示波器测量输出波形，得到极点配置后系统的单位阶跃响应曲线。

3）实验结果分析

将极点配置前后系统的性能指标和单位阶跃响应曲线记录于表 9－1 中，并简要分析系统性能有何改善。同时，详细说明将输入增益 L 取为 5 即可消除静差的原因。

表 9 - 1　极点配置前后系统的性能

	超调量 $\sigma\%$	调节时间 t_s	峰值时间 t_p	单位阶跃响应曲线
极点配置前				
极点配置后				

【实验 9 - 7】　已知被控系统动态方程为

$$\begin{bmatrix} \dot{x}_1 \\ \dot{x}_2 \\ \dot{x}_3 \end{bmatrix} = \begin{bmatrix} -1 & 0 & 0 \\ 0 & 1 & 1 \\ 0 & 0 & 1 \end{bmatrix} \begin{bmatrix} x_1 \\ x_2 \\ x_3 \end{bmatrix} + \begin{bmatrix} 1 & 0 \\ 0 & 1 \\ 0 & 1 \end{bmatrix} \begin{bmatrix} u_1 \\ u_2 \end{bmatrix}$$

$$\begin{bmatrix} y_1 \\ y_2 \end{bmatrix} = \begin{bmatrix} 1 & 0 & 0 \\ 0 & 1 & 1 \end{bmatrix} \begin{bmatrix} x_1 \\ x_2 \\ x_3 \end{bmatrix}$$

试设计降维状态观测器，希望特征值为 -3。

(1) MATLAB 程序如下：

```
%判断系统可观性
A=[-1 0 0；0 1 1；0 0 1]；
B=[1 0；0 1；0 1]；
C=[1 0 0；0 1 1]；
n=3；
Uo=obsv(A, C)；
no=rank(Uo)；
if no==n
    disp('系统可观')
elseif no~=n
    disp('系统不可观')
end
%设计二维状态观测器
A=[1, 0, 0; 0, -1, 0; 1, 0, 1]；
B=[0, 1; 1, 0; 0, 2]；
C=[0, 1, 0; 0, 0, 1]；
A11=[A(1, 1)]；
A12=[A(1, 2:3)]；
A21=[A(2:3, 1)]；
A22=[A(2:3, 2:3)]；
```

　　B1＝B(1，1:2)；
　　B2＝B(2:3，1:2)；
　　A1＝A11；C1＝A21；Ax＝(A1)′；Bx＝(C1)′；
　　P＝[－3]；
　　K＝place(Ax，Bx，P)；
　　H＝K′；
　　ahaz＝(A11－H＊A21)
　　bhbu＝B1－H＊B2
　　ahay＝(A11－H＊A21)＊H＋A12－H＊A22

(2) 运行结果如下：

系统可观

ahaz＝

　　　　－3

bhbu＝

　　　　0　　－7

ahay＝

　　　　0　　－16

(3) 根据实验结果，请写出降维状态观测器的动态方程。

【课外实验】

1. 已知单输入线性定常系统的状态方程为

$$\dot{x}=\begin{bmatrix} 0 & 0 & 0 \\ 1 & -6 & 0 \\ 0 & 1 & -12 \end{bmatrix}x+\begin{bmatrix} 1 \\ 0 \\ 0 \end{bmatrix}u$$

能否用状态反馈任意配置闭环极点？如果能，求状态反馈向量 k，使系统的闭环特征值为 $\lambda_1=-2$，$\lambda_2=-1+j$，$\lambda_3=-1-j$。

2. 设被控对象的传递函数为

$$\frac{Y(s)}{U(s)}=\frac{2}{(s+1)(s+2)}$$

试设计全维状态观测器，将极点配置在－10，－10(要求采用 Simulink 进行仿真)。

实验思考题

(1) 什么情况下可用降维状态观测器？

(2) 当观测器被引入系统后，状态反馈系统部分是否会改变已经设计好的观测器极点配置，其观测器输出反馈阵 H 是否需要重新设计？

实验报告要求

(1) 完成实验 9-6 的"模拟电路实验"内容，尤其是结果分析。

(2) 完成"课外实验"的内容。

(3) 完成实验思考题。

第 10 章　控制系统综合设计性实验

10.1　直线一级倒立摆系统综合设计实验

1. 直线一级倒立摆系统建模

1）直线一级倒立摆系统

直线一级倒立摆系统原理图如图 10-1 所示，其中，l 为摆杆转动轴心到杆质心的长度，m 为摆杆质量，用铰链将摆杆安装在质量为 M 的小车上。小车受执行电机控制，在水平方向施加控制力 u，相对参考系产生位移 x，θ 为摆杆与垂直向上方向夹角。为简化问题并保留直线一级倒立摆实质不变，忽略摆杆惯量、执行电机惯性以及摆轴、轮轴、轮与接触面直接的摩擦及风力。若不给小车施加控制力，倒立摆会向左或向右倾倒，是一个不稳定系统。对系统控制的目的是：当倒立摆出现摆角 θ 后，能通过小车的水平运动使倒立摆保持垂直。

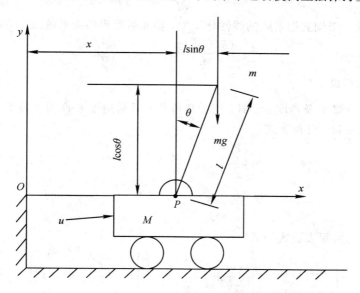

图 10-1　直线一级倒立摆系统原理图

对于倒立摆系统，由于其本身是不稳定的系统，实验建模有一定的困难。但是忽略掉一些次要因素后，倒立摆系统就是一个典型的刚体运动系统，可以在惯性坐标系内应用经典力学理论建立系统的动力学方程，也可采用拉格朗日方法建立直线一级倒立摆系统的数学模型。

2）微分方程模型

依据牛顿第二定律，建立直线一级倒立摆的运动方程。

在 u 的作用下，小车及倒立摆均产生加速运动，在水平直线运动方向的惯性力与 u 平衡，于是有

$$M\frac{d^2x}{dt^2}+m\frac{d^2}{dt^2}(x+l\sin\theta)=u，即(M+m)\ddot{x}+ml\ddot{\theta}\cos\theta-ml\dot{\theta}^2\sin\theta=u \qquad (10-1)$$

绕摆轴旋转运动的惯性力矩应与重力矩平衡，因而有

$$\left[m\frac{d^2}{dt^2}(x+l\sin\theta)\right]\cdot l\cos\theta=mgl\sin\theta$$

即
$$\ddot{x}\cos\theta+l\ddot{\theta}\cos^2\theta-l\dot{\theta}^2\sin\theta\cos\theta=g\sin\theta \qquad (10-2)$$

对式(10-1)和式(10-2)进行线性化处理。由于控制的目的是保持倒立摆直立，在施加合适的控制力 u 的条件下，假定 θ、$\dot{\theta}$ 均接近于 0 是合理的，此时 $\sin\theta\approx\theta$，$\cos\theta\approx1$，且 $\dot{\theta}^2\theta$ 项可忽略，于是有

$$(M+m)\ddot{x}+ml\ddot{\theta}=u \qquad (10-3)$$
$$\ddot{x}+l\ddot{\theta}=g\theta \qquad (10-4)$$

联立式(10-3)和式(10-4)求解可得

$$\ddot{x}=-\frac{mg}{M}\theta+\frac{1}{M}u \qquad (10-5)$$
$$\ddot{\theta}=\frac{(M+m)}{Ml}g\theta-\frac{1}{Ml}u$$

式(10-5)为直线一级倒立摆系统的线性化模型，消元后可得四阶系统微分方程为

$$x^{(4)}-\frac{(M+m)g}{Ml}\ddot{x}=\frac{1}{M}\ddot{u}-\frac{g}{Ml}u \qquad (10-6)$$

3）状态空间模型

选取小车的位移 x 及速度 $\dot{x}$、倒立摆的角位移 θ 及角速度 $\dot{\theta}$ 作为系统的状态变量，小车位移 x 作为输出变量，可得下式：

$$\begin{cases}x_1=\theta\\x_2=\dot{\theta}\\x_3=x\\x_4=\dot{x}\end{cases},\quad y=x=x_3 \qquad (10-7)$$

可列出系统的状态空间表达式如下：

$$\begin{cases}\dot{x}=\begin{bmatrix}\dot{x}_1\\\dot{x}_2\\\dot{x}_3\\\dot{x}_4\end{bmatrix}=\begin{bmatrix}0&1&0&0\\\frac{M+m}{Ml}g&0&0&0\\0&0&0&1\\-\frac{m}{M}g&0&0&0\end{bmatrix}\begin{bmatrix}x_1\\x_2\\x_3\\x_4\end{bmatrix}+\begin{bmatrix}0\\-\frac{1}{Ml}\\0\\\frac{1}{M}\end{bmatrix}u\\\\y=\begin{bmatrix}0&0&1&0\end{bmatrix}\begin{bmatrix}x_1\\x_2\\x_3\\x_4\end{bmatrix}\end{cases} \qquad (10-8)$$

学生也可自行采用拉格朗日方程建模。

2. 直线一级倒立摆系统 PID 控制

根据微分方程模型自行推导直线一级倒立摆系统的传递函数模型如下，或者利用 MATLAB 求出系统的传递函数模型。

$$\frac{\theta(s)}{u(s)} = \frac{1}{(m+M)g - Mls^2} \tag{10-9}$$

假定 $M=1$ kg，$m=0.1$ kg，$l=1$ m，$g=9.8$ m/s²，假设直线一级倒立摆系统的控制要求是：调节时间 4~5 s，超调量小于 20%。学生自行采用 MATLAB 仿真或者 Simulink 仿真的方式完成对直线一级倒立摆系统的 PID 控制，使系统满足控制要求。

3. 直线一级倒立摆系统状态空间极点配置

考虑采用极点配置的方法对直线一级倒立摆系统进行闭环控制，极点配置能够改善系统的稳定性和动态性能。首先检查系统的可控性和稳定性，并根据期望的时域性能指标选择合适的闭环极点，然后设计状态反馈控制器。

1）系统可控性和稳定性检查

首先判断系统是否完全可控，分析系统的稳定性。若系统完全可控，则可采用极点配置的方法对系统进行闭环控制。

然后，采用状态反馈方法配置极点使系统稳定，计算极点配置后系统的静差。若系统存在静差，则需设计状态反馈跟踪控制器以消除静差，或者进行增益调整。

2）闭环极点的选择

根据系统的控制要求，选择待配置的闭环极点。学生可自行写出详细的分析和计算过程。

3）消除静差

设计状态反馈跟踪控制器，使闭环系统不仅具有理想的动态特性，而且能够无静态误差地跟踪阶跃输入信号，可以在系统的前向通道引入积分控制器，以消除静差。加入积分控制器和状态反馈控制器的闭环系统结构如图 10-2 所示。

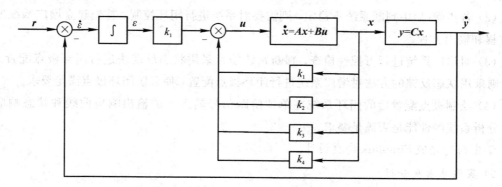

图 10-2　直线一级倒立摆系统极点配置结构图

4) 极点配置后系统的状态空间模型

由图 10-2 所示的直线一级倒立摆系统极点配置结构图可得如下方程：

$$\begin{cases} \dot{x} = Ax + Bu \\ y = Cx \\ u = -kx + k_1\varepsilon \\ \dot{\varepsilon} = r - y = r - cx \end{cases}$$

即 $\dot{\varepsilon}$ 作为附加的状态变量，与原系统一起组成增广系统，增广系统状态矩阵的维数为 5，其状态方程为

$$\begin{cases} \begin{bmatrix} \dot{x} \\ \dot{\varepsilon} \end{bmatrix} = \begin{bmatrix} A & O \\ -C & O \end{bmatrix} \begin{bmatrix} x \\ \varepsilon \end{bmatrix} + \begin{bmatrix} B \\ O \end{bmatrix} u + \begin{bmatrix} 0 \\ 1 \end{bmatrix} r \\ y = \begin{bmatrix} C & O \end{bmatrix} \begin{bmatrix} x \\ \varepsilon \end{bmatrix} \end{cases}$$

又因为

$$u = -k \cdot x + k_1 \cdot \varepsilon = \begin{bmatrix} -k & k_1 \end{bmatrix} \begin{bmatrix} x \\ \varepsilon \end{bmatrix}$$

因此，增广系统加入状态反馈后的状态方程和输出方程为

$$\begin{cases} \begin{bmatrix} \dot{x} \\ \dot{\varepsilon} \end{bmatrix} = \begin{bmatrix} A - B \cdot k & B \cdot k_1 \\ -C & O \end{bmatrix} \begin{bmatrix} x \\ \varepsilon \end{bmatrix} + \begin{bmatrix} 0 \\ 1 \end{bmatrix} r \\ y = \begin{bmatrix} C & O \end{bmatrix} \begin{bmatrix} x \\ \varepsilon \end{bmatrix} \end{cases}$$

5) MATLAB 和 Simulink 仿真设计

采用 MATLAB 进行直线一级倒立摆系统状态反馈控制仿真设计的步骤如下：

(1) 建立系统状态空间模型，求系统传递函数模型和零极点增益模型，判断系统是否稳定。

(2) 若步骤(1)中判断系统不稳定，则需要对系统进行闭环控制，首先建立增广系统的状态方程和输出方程。

(3) 对增广系统进行可控性检查，判断系统能否采用状态反馈法进行闭环极点配置。若能，则采用状态反馈的方法对增广系统进行闭环极点配置，使系统闭环极点满足要求。

(4) 绘制极点配置后的闭环系统在单位阶跃信号输入下的输出响应曲线和状态响应曲线，分析系统的性能是否满足要求。

学生自行完成 Simulink 仿真设计。

6) 实验结果及分析

记录直线一级倒立摆系统极点配置之前单位阶跃响应曲线和极点配置之后系统的输出响应及状态响应曲线，记录系统的性能指标于表 10-1 中，并分析是否满足控制要求。

表 10 - 1 直线一级倒立摆控制系统极点配置前后系统的响应及时域性能指标

	超调量 $\sigma\%$	调节时间 t_s	输出响应曲线	状态响应曲线
原系统				
闭环控制后				

4. 课外实验

若考虑倒立摆的摆杆惯量，则如何建立直线一级倒立摆系统模型，与不考虑摆杆惯量情况下建立的模型有何区别。在 Simulink 中建模，分别用 PID 控制、状态空间极点配置、LQR 控制方法对直线一级倒立摆系统进行控制，记录仿真结果并进行实验结果分析。

10.2 直线二级倒立摆系统综合设计实验

1. 直线二级倒立摆系统建模

直线二级倒立摆系统如图 10 - 3 所示，在建模时忽略空气阻力和各种摩擦，并认为摆杆为刚体。倒立摆参数定义如下：M 为小车质量；m_1 为摆杆 1 的质量；m_2 为摆杆 2 的质量；m_3 为质量块的质量；l_1 为摆杆 1 中心到转动中心的距离；l_2 为摆杆 2 中心到转动中心的距离；θ_1 为摆杆 1 与竖直方向的夹角；θ_2 为摆杆 2 与竖直方向的夹角；F 为作用在系统上的外力。

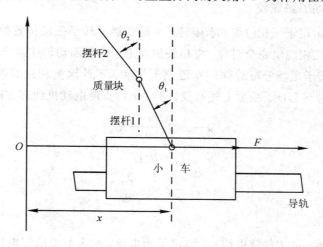

图 10 - 3 直线二级倒立摆系统原理图

利用拉格朗日方程推导运动学方程，设小车的位移 x、摆杆 1 的摆角 θ_1、摆杆 2 的摆角 θ_2、小车速度 $\dot{x}$、摆杆 1 的角速度 $\dot{\theta}_1$、摆杆 2 的角速度 $\dot{\theta}_2$ 为系统的状态变量，并假定 $m_1 =$

0.05 kg，m_2＝0.13 kg，m_3＝0.236 kg，l_1＝0.0775，l_2＝0.25，g＝9.8 m/s²，可得出系统的状态方程如下：

$$\boldsymbol{x}=\begin{bmatrix}\dot{x}\\\dot{\theta}_1\\\dot{\theta}_2\\\ddot{x}\\\ddot{\theta}_1\\\ddot{\theta}_2\end{bmatrix}=\begin{bmatrix}0&0&0&1&0&0\\0&0&0&0&1&0\\0&0&0&0&0&1\\0&0&0&0&0&0\\0&86.69&-21.62&0&0&0\\0&-40.31&39.45&0&0&0\end{bmatrix}\begin{bmatrix}x\\\theta_1\\\theta_2\\\dot{x}\\\dot{\theta}_1\\\dot{\theta}_2\end{bmatrix}+\begin{bmatrix}0\\0\\0\\1\\6.64\\-0.088\end{bmatrix}\boldsymbol{u}$$

$$\boldsymbol{y}=\begin{bmatrix}x\\\theta_1\\\theta_2\end{bmatrix}\begin{bmatrix}1&0&0&0&0&0\\0&1&0&0&0&0\\0&0&1&0&0&0\end{bmatrix}\begin{bmatrix}x\\\theta_1\\\theta_2\\\dot{x}\\\dot{\theta}_1\\\dot{\theta}_2\end{bmatrix}+\begin{bmatrix}0\\0\\0\end{bmatrix}\boldsymbol{u}$$

2. 控制设计要求

试设计状态反馈控制器，使直线二级倒立摆闭环系统满足：超调量 $\sigma\%\leqslant 50\%$，调节时间 $t_s\leqslant 1.5$ s，且无静差。

10.3　无刷直流电机转速控制实验

1. 无刷直流电机系统建模

无刷直流电机由定子三相绕组、水磁转子、逆变器和转子磁极位置检测器等组成。为便于分析，假定：① 三相绕组完全对称，电枢绕组在定子内表面均匀连续分布；② 气隙磁场为方波，定子电流、转子磁场分布对称；③ 磁路不饱和，不计涡流和磁滞损耗；④ 忽略齿槽、换相过程、电枢反应等影响。根据上述假设，建立无刷直流电动机动态方程如下：

$$u-e=L\frac{\mathrm{d}i_a}{\mathrm{d}t}+Ri_a$$

$$T_e=K_i i_a$$

$$T_e-T_i=J\frac{\mathrm{d}\omega}{\mathrm{d}t}$$

$$e=K_\omega \omega$$

式中：L 为绕线电感；R 为绕线电阻；i_a 为定子相电流；u 为系统给定电压；e 为额定励磁下电机的反电动势；T_e 为电磁转矩；K_i 为转矩系数；J 为电机转动惯量；T_i 为负载转矩。

设电机参数为 L＝0.015 H，R＝0.5 Ω，J＝0.06，K_ω＝0.132，K_i＝1.26，转速反馈系数为 0.007，采用转速单闭环控制，增强系统对负载变化的抗干扰能力，抑制转速波动。

2. 控制设计要求

试画出直流电机的结构图，并设计一个 PID 控制器，使电机转速跟踪期望转速，并满足：

（1）单位阶跃输入作用下的百分比超调量小于 10%。

（2）单位阶跃输入作用下的调整时间小于 2s(±2% 误差范围)。

（3）稳态误差尽可能小。

10.4　球杆系统定位控制实验

1. 球杆系统简介

图 10-4 所示为球杆系统示意图，小球可以在平衡杆上自由地滚动，在平衡杆一侧装有线性的电阻传感器用于检测小球的实际位置，平衡杆的一端通过转轴固定，另一端可以上下转动。通过电机转动，以带动与连杆相连接的齿轮转动，通过连杆传动机构就可以控制平衡杆的倾斜角。直流伺服电机带有增量式编码器，可以检测电机的实际位置，当平衡杆偏离水平的平衡位置后，在重力作用下，小球开始沿平衡杆滚动。把小球的实际位置反馈给控制器计算出控制量，控制电机转动的位置，可以使小球定位在平衡杆的任意位置。

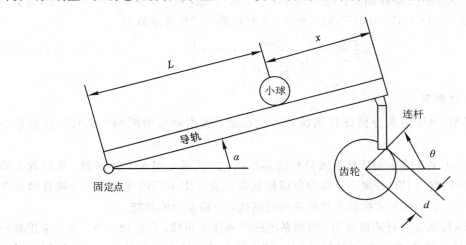

图 10-4　球杆系统示意图

2. 球杆系统建模

如图 10-4 所示，设小球的质量为 m，小球的半径为 R，齿轮半径为 d，平衡杆的长度为 L，小球离平衡杆转动端的距离为位移 x，J 为小球的转动惯量，连线（连杆和齿轮的连接点与齿轮中心的连线）和水平线的夹角为 θ，作为连杆的输入。平衡杆与水平线的夹角为 α，α 与 θ 之间有如下数学关系：

$$\alpha = \frac{d}{L}\theta \tag{10-10}$$

采用拉格朗日方程建立关系式：

$$\left(\frac{J}{R^2}+m\right)\ddot{x}-m\dot{x}\alpha^2+mg\sin\alpha=0 \qquad (10-11)$$

对于球杆系统来说，在平衡状态附近时，α 近似为 0，所以在零点附近对球杆系统进行线性化处理，则式(10 - 11)可简化为

$$\left(\frac{J}{R^2}+m\right)\ddot{x}+mg\alpha=0 \qquad (10-12)$$

对式(10 - 12)两边取拉普拉斯变换，可得

$$\frac{x(s)}{\alpha(s)}=-\frac{mg}{\dfrac{J}{R^2}+m}\cdot\frac{1}{s^2} \qquad (10-13)$$

电机与齿轮之间存在一个减速皮带轮，即齿轮转角 θ 与电机转角 β 之间减速比 $n=4$。
联立式(10 - 10)和式(10 - 13)可得

$$\frac{x(s)}{\theta(s)}=-\frac{mgd}{L\left(\dfrac{J}{R^2}+m\right)}\cdot\frac{1}{s^2} \qquad (10-14)$$

式(10 - 14)即为以齿轮转角 θ 为输入、小球位移 x 为输出的传递函数模型。

假定球杆系统相关参数如下：$L=0.4$ m，$m=0.11$ kg，$d=0.04$ m，$R=0.015$ m，$g=-9.8$ N/kg，$J=0.4\times0.11\times0.015^2(\text{kg}\cdot\text{m}^2)$，则球杆系统的传递函数为

$$\frac{x(s)}{\theta(s)}=-\frac{mgd}{L(\dfrac{J}{R^2}+m)}\cdot\frac{1}{s^2}=\frac{0.7}{s^2} \qquad (10-15)$$

3. 控制设计要求

(1) 用 MATLAB 仿真分析球杆系统是否能稳定，做出单位阶跃响应曲线，分析系统性能。

(2) 设计 PID 控制器，对球杆系统进行仿真控制。方法是先加入 P 控制器，然后改为添加 PD 控制，最后改为 PID 控制，分别为每组控制器设置 3 组不同的比例、积分或者微分参数，并加入干扰，观察球杆系统的单位阶跃响应曲线，分析系统的性能。

(3) 绘制球杆系统的开环波特图，得到系统的频域性能指标，分析稳定性。然后采用频域超前校正法对球杆系统进行闭环控制与校正，使小球能够定位在平衡杆上。具体控制指标要求可由学生自行选取。

10.5　单容水箱液位控制实验

1. 控制系统介绍

某单容量水箱水位控制系统如图 10 - 5 所示，其中采用了电枢（电流 i_a）控制电机来调节阀门的大小。假定电机电感可以忽略不计，电机常数为 $k_m=10$，逆电动势常数为 $k_b=0.070\,6$，电机和阀门的转动惯量为 $J=0.006$ kg·m²，容器的底面积为 50 m²。再假定水流的输入流量 $q_i=80\theta$，输出流量 $q_0=50h(t)$，且 θ 为电机轴的转动角（单位：rad），h 为容器内的液面高度（单位：m）。

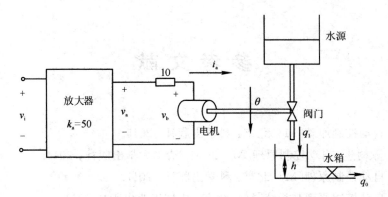

图 10 - 5　单容水箱液位控制系统

2. 控制设计要求

(1) 在上述条件下，以 $x_1 = h$，$x_2 = \theta$，$x_3 = d$ 为状态变量，列写系统的状态空间表达式，并建立系统的 Simulink 状态空间模型。

(2) 设计一个仅反馈液面高度 $h(t)$ 的反馈控制器，使系统的阶跃响应的超调量小于 10%，调节时间 $\leqslant 5$ s，并用 Simulink 进行验证。

(3) 若同时反馈液面高度 $h(t)$ 和轴的转角 $\theta(t)$，试设计该串级控制系统的两个反馈控制器，使得系统性能指标比(2)中更优，并用 Simulink 进行验证。

参 考 文 献

[1] 胡寿松. 自动控制原理[M]. 北京：科学出版社，2015.

[2] 王建辉，顾树生. 自动控制原理[M]. 北京：清华大学出版社，2014.

[3] 梅晓榕. 自动控制原理[M]. 北京：科学出版社，2017.

[4] 孔凡才. 自动控制原理与系统[M]. 北京：机械工业出版社，2018.

[5] 刘豹，唐万生. 现代控制理论[M]. 北京：机械工业出版社，2006.

[6] JOHN DORSEY. Continuous and Discrete Control Systems[M]. 北京：电子工业出版社，2002.

[7] OGATA K. 现代控制工程[M]. 5 版. 卢伯英，佟明安，译. 北京：电子工业出版社，2017.

[8] 汪宁. MATLAB 与控制理论实验教程[M]. 北京：机械工业出版社，2011.

[9] 李国朝. MATLAB 基础及应用[M]. 北京：北京大学出版社，2011.

[10] 王正林. MATLAB/Simulink 与控制系统仿真[M]. 北京：电子工业出版社，2017.

[11] 王敏. 控制系统原理与 MATLAB 仿真实现[M]. 北京：电子工业出版社，2014.

[12] 赵广元. MATLAB 与控制系统仿真实践[M]. 北京：北京航空航天大学出版社，2016.

[13] 杨继成，车轩玉，管振祥. 学术论文写作方法与规范[M]. 北京：中国铁道出版社，2007.

[14] 杨平，余洁，徐春梅，等. 自动控制原理：实验与实践篇[M]. 北京：中国电力出版社，2019.

[15] 丁红，贾玉瑛. 自动控制原理实验教程[M]. 北京：北京大学出版社，2015.

[16] 王晓燕，冯江. 自动控制理论实验与仿真[M]. 广州：华南理工大学出版社，2006.

[17] 熊晓君. 自动控制原理实验教程(硬件模拟与 MATLAB 仿真)[M]. 北京：机械工业出版社，2009.

[18] 王素青. 自动控制原理实验与实践[M]. 北京：国防工业出版社，2015.

[19] 徐明，周滨，胡国良. 直线一级倒立摆系统控制仿真及实验研究[J]. 机床与液压，2018，46(6)：90 - 95.

[20] 杨平，徐春梅，王欢，等. 直线型一级倒立摆状态反馈控制设计与实现[J]. 上海电力学院学报，2007，23(1)：21 - 25，32.

[21] 彭秀艳，胡忠辉，姜辉. 二级倒立摆状态反馈控制器设计优化方法[J]. 控制工程，2012，19(3)：462 - 466.

[22] 尹逊和，樊雪丽，杜洋，等. 二级直线倒立摆系统的实物控制[J]. 计算机工程与应用，2016，52(20)：242 - 250.

［23］ 程启明，杨小龙，高杰，等. 基于参数可变 PID 控制器的永磁无刷直流电机转速控制系统［J］. 电机与控制应用，2017，44(1)：18 - 22，55.

［24］ 潘飞. 球杆系统设计与仿真研究［D］. 武汉：华中科技大学，2007.

［25］ 胡晓玮. 水箱液位 PID 控制系统研究［J］. 制造业自动化，2012，34(17)：91 - 93.